精选

JINGXUAN ZHUSHI TANG BAO ZHOU

主食汤煲粥
1188

杨照光◎编著

 中国人口出版社
China Population Publishing House
全国百佳出版单位

图书在版编目（CIP）数据

精选主食汤煲粥1188 / 杨照光编著. —— 北京 ：中国人口出版社，2014.1

ISBN 978-7-5101-2213-2

Ⅰ．①精… Ⅱ．①杨… Ⅲ．①主食－食谱②汤菜－菜谱③粥－食谱

Ⅳ．①TS972.13②TS972.12

中国版本图书馆CIP数据核字(2013)第306408号

精选主食汤煲粥 1188

杨照光 编著

出版发行	中国人口出版社	
印　　刷	天津市蓟县宏图印务有限公司	
开　　本	720毫米×1000毫米 1/16	
印　　张	11.5	
字　　数	160千	
版　　次	2014年1月第1版	
印　　次	2014年1月第1次印刷	
书　　号	ISBN 978-7-5101-2213-2	
定　　价	19.80元	

社　　长	陶庆军
网　　址	www.rkcbs.net
电子信箱	rkcbs@126.com
总编室电话	(010) 83519392
发行部电话	(010) 83534662
传　　真	(010) 83515992
地　　址	北京市西城区广安门南街80号中加大厦
邮政编码	100054

C目录 ontents

PART 1

美味粥饭

Contents

PART 2

花样面点

Contents

PART 3

滋养汤煲

Contents

美味粥饭

粥

主料 香蕉60克，糯米100克。

调料 冰糖适量。

做法

1. 将糯米淘洗干净，浸泡30分钟。
2. 香蕉去皮，切丁。
3. 锅内加入适量水，放入糯米，大火烧沸，加入香蕉丁，改小火熬制成粥，调入冰糖即可。

营养小典：香蕉含有大量的血管紧张素转化酶抑制剂及能降低血压的化合物，常食可起到降血压、保护血管的作用。

香蕉粥

主料 鲜百合60克，葡萄干20克，糯米100克。

做法

1. 将鲜百合、葡萄干洗净。
2. 糯米淘洗干净，浸泡30分钟。
3. 锅中加入800毫升水，放入糯米，置旺火烧沸，加入鲜百合、葡萄干，转小火煮至成粥即可。

营养小典：百合性平，味甘微苦，有补中益气、润肺止咳、清心安神等功效，可提高机体抗病能力、调节酶系统、提高自身免疫力。

百合葡萄粥

黄芪橘皮红糖粥

主料 黄芪30克，粳米100克，橘皮末3克。

调料 红糖适量。

做法

① 将黄芪洗净，放入锅内，加适量清水煎煮，去渣取汁。

② 锅置火上，放入粳米、黄芪汁和适量水煮粥，粥成加橘皮末煮沸，再加入红糖调匀即可。

做法支招：粳米不易煮烂，应该用温水先泡两个小时再煮，这样就能煮得黏稠。

紫米葡萄粥

主料 黑糯米200克，葡萄干20克。

调料 红糖适量。

做法

① 葡萄干洗净；黑糯米洗净，用水浸泡2小时。

② 锅中倒入适量水，倒入黑糯米，大火煮沸，转小火煮至米汤成浓稠状，加入葡萄干稍煮，加红糖调味即成。

营养小典：紫米中含有丰富蛋白质、脂肪以及核黄素、硫胺素、叶酸等多种维生素，以及铁、锌、钙、磷等人体所需营养素。

紫米芸豆粥

主料 紫米200克，芸豆、葡萄干各20克。

做法

① 将紫米淘洗干净，用水浸泡2小时；芸豆洗净，切小段；葡萄干洗净。

② 锅中倒入适量水，放入紫米、芸豆，大火煮沸，转小火煮至紫米熟烂，在粥上面撒上葡萄干，稍煮即可。

做法支招：葡萄干要冲洗干净，沥干水分。

主料 米饭150克，豌豆20克，牛奶50毫升。

调料 盐适量。

做法

① 将豌豆用开水煮熟，捣碎并过滤。

② 在米饭中加适量水，用小锅煮沸，放入牛奶和豌豆，小火煮5分钟，加盐调味即可。

营养小典：豌豆可调颜养身，益中平气，催乳汁。

豌豆粥

主料 饭豆、大米各75克，绿豆、红豆25克，陈皮5克。

调料 红糖适量。

做法

① 拣去豆中杂质，洗净，浸水，备用；大米洗净；陈皮浸软，洗净。

② 锅内加水，烧开后下豆、米及陈皮同煮至烂。

③ 最后放入红糖融化即可。

营养小典：这道五色豆粥开胃健脾，利水消肿，寒热搭配，不凉不躁，泻不伤脾胃，补不增淤滞，是一剂驻颜长寿的妙方。

生发乌发豆粥

主料 大米200克，核桃50克。

调料 盐适量。

做法

① 将核桃夹开把瓤取出，泡在水里，将其薄皮剥去并捣碎；大米淘洗干净。

② 将核桃、大米加适量水放在小锅里煮至粥成，用盐调味即可。

饮食宜忌：核桃是壮阳的，但癌症病人不要吃，否则肿块会长大。

核桃粥

松子仁粥

主料 松子仁30克，粳米150克。

调料 盐适量。

做法

① 将松子仁打破，取洁白者洗净，沥干水，研烂如膏。

② 把煮锅中加清水适量，放入松子膏及粳米，置于火上煮，烧开后改用中小火煮至米烂汁黏时，加入少许盐调味即可。

做法支招：用尖嘴钳子可以很轻松地让松子开口，而且安全，不易伤到手。

柏子仁粥

主料 柏子仁15克，粳米150克。

调料 蜂蜜适量。

做法

① 粳米、柏子仁均洗净。

② 锅中倒入适量清水，放入粳米、柏子仁，大火煮开，转小火煮至米粥熟烂，加蜂蜜调味即可。

营养小典：每日分两次服用，可安血养神。大便秘结、失眠多梦者适用。

苹果麦片粥

主料 燕麦片100克，苹果、胡萝卜各25克，牛奶50毫升。

做法

① 将苹果和胡萝卜洗净，切碎。

② 将燕麦片、胡萝卜放入锅中，倒入牛奶、水，小火煮沸，放入苹果煮至粥稠即可。

营养小典：同量的燕麦煮出来越黏稠，保健效果越好。

主料 紫苋菜30克，糯米100克。

调料 盐适量。

做法

① 苋菜洗净，用水煮10分钟。

② 取煮苋菜汁和糯米共煮至粥成，加盐调味即可。

营养小典：紫苋菜富含蛋白质，其所含蛋白质比牛奶中的蛋白质更能充分被人体吸收。

紫苋菜粥

主料 木瓜、胡萝卜、玉米粒各20克，大米100克。

调料 盐、葱花各适量。

做法

① 大米泡发洗净；木瓜、胡萝卜去皮洗净，切成小丁；玉米粒洗净。

② 锅置火上，放入清水与大米，用大火煮至米粒开花，放入木瓜、胡萝卜、玉米粒煮至粥浓稠，加盐调味，撒上葱花即可。

营养小典：胡萝卜内含丰富的维生素A，对于眼部滋养有很大的帮助，能有效地减少黑眼圈的形成。

胡萝卜玉米粥

主料 红薯50克，牛奶50毫升，糙米100克。

做法

① 红薯清洗干净，去皮，切成小块；将糙米内的杂质淘洗干净，用冷水浸泡30分钟，沥水。

② 将红薯块和糙米一同放入锅内，加入冷水用大火煮开；转至小火，慢慢熬至粥稠米软，加入牛奶，再煮沸即可。

营养小典：糙米与普通精致白米相比含有更多的维生素、矿物质与膳食纤维。

牛奶红薯糙米粥

牛奶蛋花麦片粥

🍲 **主料** 牛奶50毫升，麦片100克，鸡蛋1个(约60克)。

🥄 **做法**

① 将牛奶放入锅内煮开；鸡蛋磕开打散成蛋液。

② 牛奶锅中加入麦片搅动至变稠，淋入蛋液，煮开即可。

营养小典：在食用麦片的同时，加入牛奶和鸡蛋，可以保证营养更为均衡。

大枣山莲葡萄粥

🍲 **主料** 山药、莲实、葡萄干、大枣各50克，大米200克。

🥄 **调料** 白糖适量。

🥄 **做法**

① 山药洗净，切薄片；葡萄干洗净；大枣洗净去核。

② 莲实用温水浸泡，去皮心。

③ 大米淘洗干净，浸泡30分钟。

④ 将山药、莲实、葡萄干、大枣、大米同入锅内，加入适量清水，置武火烧沸，转文火煮至成粥，调入白糖即可。

营养小典：此粥可每日早餐服食，适宜于面色苍白、乏力倦怠、形体虚弱、腹胀便秘等症。

红枣桂圆粥

🍲 **主料** 大米100克，桂圆肉、红枣各20克。

🥄 **调料** 红糖适量。

🥄 **做法**

① 大米淘洗干净，放入清水中浸泡；桂圆肉、红枣洗净备用。

② 锅置火上，注入清水，放入大米，煮至粥将成，放入桂圆肉、红枣煨煮至酥烂，加红糖调匀即可。

做法支招：以果肉透明的桂圆肉为最好。

主料 大米100克，桂圆肉50克，黑豆20克。

调料 鲜姜适量。

做法

① 桂圆肉泡软洗净；黑豆浸泡10小时，洗净。

② 鲜姜去皮，磨碎取汁。

③ 大米淘洗干净，浸泡30分钟，捞出，沥干水分，倒入锅中，加适量水，上旺火烧沸，加入桂圆肉、黑豆及姜汁搅匀，改小火煮至软烂即成。

营养小典：此粥温胃、风、行气、止痛、适宜于脾胃中寒、食滞不化等症。

桂圆姜汁粥

主料 醪糟50毫升，大米100克，鸡蛋1个(约60克)，红枣20克。

调料 白糖适量。

做法

① 大米洗净；鸡蛋煮熟切碎；红枣洗净。

② 锅置火上，倒入适量水，放入大米、醪糟煮至七成熟，放入红枣，煮至米粒开花，放入鸡蛋，加入白糖调匀即可。

做法支招：糖不要加太多，以免过甜。

鸡蛋红枣醪糟粥

主料 鸡蛋1个(约60克)，生菜、玉米粒各20克，大米100克。

调料 盐、鸡汤、葱花、香油各适量。

做法

① 大米洗净，用清水浸泡；玉米粒洗净；生菜洗净，切丝；鸡蛋煮熟后切碎。

② 锅置火上，倒入适量水，放入大米、玉米粒煮至八成熟，倒入鸡汤稍煮，放入鸡蛋、生菜，加盐、香油调匀，撒上葱花即可。

营养小典：生菜最后加入，营养更好。

鸡蛋生菜粥

美体丰胸粥

主料 葡萄、木瓜各20克，大米100克。

调料 白糖适量。

做法

① 葡萄去皮；木瓜切成块。

② 大米加水煮成粥，加白糖、木瓜块、葡萄调匀即可。

做法支招：北方木瓜，也就是宣木瓜，多用来治病，不宜鲜食。南方的番木瓜可以生吃，也可和肉类一起炖煮。

红枣首乌芝麻粥

主料 红枣20克，何首乌、黑芝麻各10克，大米100克。

调料 红糖适量。

做法

① 何首乌入锅，倒入一碗水熬至半碗，去渣；红枣去核洗净；大米淘洗干净。

② 锅置火上，倒入适量水，放入大米，大火煮至米粒绽开，倒入何首乌汁，放入红枣、黑芝麻，用小火煮至粥成闻见香味，放入红糖调味即可。

做法支招：宜选用无皮、干燥的何首乌。

松子核桃粥

主料 松子仁、核桃仁各15克，大米100克。

做法

① 核桃仁、松子仁洗净。

② 大米淘洗干净，浸泡30分钟。

③ 将大米、核桃仁、松子仁放入锅中，加入适量水，大火烧沸转小火煮至成粥即可。

营养小典：松子仁中维生素E含量很高，有很好的软化血管、延缓衰老的作用。

主料 燕麦100克，核桃仁、玉米粒各20克，鲜奶150毫升。

调料 白糖适量。

做法

① 燕麦洗净泡发。

② 锅置火上，倒入鲜奶，放入燕麦煮开，加入核桃仁、玉米粒同煮至浓稠状，调入白糖拌匀即可。

做法支招：鲜奶要适量，不宜太多。

燕麦核桃仁粥

主料 黑豆、毛豆各20克，荞麦、糙米各50克。

调料 姜片3克。

做法

① 黑豆、毛豆、糙米均洗净，清水浸泡8小时；荞麦洗净。

② 黑豆、毛豆、糙米同放入锅中煮熟，加入荞麦、姜片，大火煮沸，转小火煮5分钟即成。

营养小典：病后养生，调理脾胃。依此方法，用料理机打成糊状，也可当作"疗养豆奶"饮用。

双豆荞麦糙米粥

主料 糙米100克，黄豆、黑豆、南瓜、莴笋各20克。

调料 红糖适量。

做法

① 糙米、黄豆、黑豆洗净，放入高压锅中煮成米豆饭；南瓜洗净，切丁；莴笋洗净，切段。

② 糙米、黄豆、黑豆、南瓜、莴笋、红糖同入锅中煮成粥即成。

饮食宜忌：糙米适宜任何人食用，尤其是肥胖者。

杂粮粥

白菜玉米粥

主料 大白菜50克，玉米糁100克，芝麻10克。

调料 盐、味精各适量。

做法

① 大白菜洗净，切丝；芝麻洗净。

② 锅置火上，注入适量水烧沸，边搅拌边倒入玉米糁，加入大白菜、芝麻，用小火煮至粥成，加盐、味精调味即可。

做法支招：水要适量，以免过浓或过稠。

小白菜萝卜粥

主料 小白菜、胡萝卜各30克，大米100克。

调料 盐、味精、香油各适量。

做法

① 小白菜洗净，切丝；胡萝卜洗净，切小块；大米淘洗干净。

② 锅置火上，倒水后，放入大米，大火煮至米粒绽开，放入胡萝卜、小白菜，用小火煮至粥成，放入盐、味精，滴入香油即可食用。

营养小典：切小白菜时顺着其经络切，这样营养更佳。

菠菜山楂粥

主料 菠菜、山楂各20克，大米100克。

调料 冰糖适量。

做法

① 大米淘洗干净，用清水浸泡；菠菜洗净；山楂洗净。

② 锅置火上，放入大米，加适量清水煮至七成熟，放入山楂煮至米粒开花，放入冰糖、菠菜稍煮后调匀便可。

做法支招：山楂切开，味道更好。

主料　芹菜、红枣各20克，大米100克。

调料　盐、味精各适量。

做法

❶ 芹菜洗净，取梗切成小段；红枣去核洗净；大米淘洗干净。

❷ 锅置火上，倒入适量水，放入大米、红枣，旺火煮至米粒开花，放入芹菜梗，改用小火煮至粥浓稠时，加盐、味精调味即可。

做法支招：红枣先用水泡发一下，更易去核。

芹菜红枣粥

主料　冬瓜50克，大米100克。

调料　盐、葱各适量。

做法

❶ 冬瓜去皮洗净，切块；葱洗净，切花；大米泡发洗净。

❷ 锅置火上，倒水后，放入大米，旺火煮至米粒绽开，放入冬瓜，改用小火煮至粥浓稠，调入盐入味，撒上葱花即可。

做法支招：冬瓜切块，切小些，这样口感会更好。

香葱冬瓜粥

主料　冬瓜、银杏各30克，大米100克。

调料　姜末、高汤、盐、胡椒粉、葱花各适量。

做法

❶ 银杏去壳、皮，洗净；冬瓜去皮洗净，切块；大米洗净。

❷ 锅置火上，倒入适量水，放入大米、银杏，大火煮沸，转小火煮至米粒开花，放入冬瓜、姜末，倒入高汤，煮至粥成，加盐、胡椒粉调味，撒上葱花即可。

做法支招：银杏需先用温水浸泡数小时。

冬瓜银杏姜粥

红糖小米粥

主料 小米150克。

调料 红糖适量。

做法

① 将小米淘洗干净。

② 锅置火上，加入适量水，放入小米，煮至粥成，加入红糖，拌匀即可。

营养小典：小米含有丰富的维生素和矿物质。小米中的维生素B_1是大米的好几倍，矿物质含量也高于大米。但小米有一点不足，就是所含的蛋白质中赖氨酸的含量较低，最好和豆制品、肉类食物搭配食用。

南瓜红薯玉米粥

主料 红薯20克，南瓜30克，玉米面50克。

调料 红糖少许。

做法

① 将红薯、南瓜去皮，洗净，剁成碎末；玉米面用适量的冷水调成稀糊。

② 锅置火上，加适量清水，烧开，放入红薯和南瓜煮5分钟左右，倒入玉米糊，煮至黏稠，加入红糖调味，搅拌均匀即可。

营养小典：红薯含有丰富营养元素，特别是含有丰富的赖氨酸，能弥补大米、面粉中赖氨酸的不足。

南瓜补血粥

主料 老南瓜150克，花生米、红枣各25克，小米50克。

调料 红糖适量。

做法

① 老南瓜去皮、瓤，洗净切小块；花生米、红枣稍泡洗净；小米淘洗干净。

② 将老南瓜、花生米、红枣、小米同入锅中，加入适量水，大火烧沸，转小火煮至成粥，调入红糖再煮片刻即成。

营养小典：南瓜性温，味甘，具有润肺、补中、益气、止痛、解毒杀虫等功效。

主料 南瓜、菠菜各30克，豌豆10克，大米100克。

调料 盐、味精各适量。

做法

① 南瓜去皮洗净，切丁；豌豆洗净；菠菜洗净，切成小段；大米泡发洗净。

② 锅置火上，注入适量清水后，放入大米用大火煮至米粒绽开。再放入南瓜、豌豆，改用小火煮至粥浓稠，最后下入菠菜再煮3分钟，调入盐、味精搅匀入味即可。

做法支招：南瓜削皮，味道更好。

南瓜菠菜粥

主料 南瓜、山药各30克，大米100克。

调料 盐适量。

做法

① 大米洗净，泡发1小时备用；山药、南瓜均去皮洗净，切块。

② 锅置火上，倒入适量水，放入大米，大火煮沸，放入山药、南瓜煮至米粒绽开，改用小火煮至粥成，调入盐入味即可。

营养小典：南瓜的老瓜可作饲料或杂粮，所以有很多地方又称其为饭瓜。

南瓜山药粥

主料 木耳10克，南瓜30克，糯米100克。

调料 盐、葱花各适量。

做法

① 糯米洗净，浸泡30分钟捞出沥干水分；木耳泡发洗净，切丝；南瓜去皮洗净，切成小块。

② 锅置火上，倒入适量水，放入糯米、南瓜用大火煮至米粒绽开后，放入木耳，小火煮至成粥后，调入盐搅匀，撒上葱花即可。

营养小典：南瓜中含有的多种矿物质元素，如钙、钾、磷、镁等，特别适合于中老年人与高血压患者食用。

南瓜木耳粥

木耳山楂粥

🐟 **主料** 木耳5克，山楂30克，粳米100克。

🥄 **做法**

1. 木耳浸泡发透，洗净，去根蒂，撕成小片；山楂洗净，去核切片；粳米淘净，浸泡30分钟。
2. 将木耳、山楂、粳米同入锅中，加适量水，大火烧沸，转小火煮至成粥即可。

营养小典：木耳所含酸性异多糖及抗肿瘤活性物质，能提高淋巴细胞转化率，增强巨噬细胞吞噬功能从而增强机体免疫力，经常食用可起到防癌、抗癌的作用。

枸杞龙眼粥

🐟 **主料** 枸杞子、龙眼肉各15克，黑芝麻、大枣各20克，大米100克。

🥄 **调料** 红糖少许。

🥄 **做法**

1. 枸杞子、龙眼肉、大枣均泡洗干净；大米淘洗干净。
2. 锅置火上，加入适量水，放入大米、枸杞子、龙眼肉、大枣、黑芝麻，大火烧沸，转小火熬至粥浓稠，调入红糖即可。

营养小典：此粥养血、益阴、柔肝，主治阴虚肝旺型头晕、失眠。

豆豉葱姜粥

🐟 **主料** 糙米100克，豆豉、红辣椒各20克。

🥄 **调料** 葱花、姜丝、盐、香油各适量。

🥄 **做法**

1. 糙米洗净，泡发30分钟；红辣椒洗净，切段；豆豉洗净。
2. 锅置火上，倒入适量水，放入糙米煮至米粒绽开，加入豆豉、红椒、姜丝，小火煮至粥成，加盐调味，滴入香油，撒上葱花即可。

做法支招：根据个人口味放入适量的豆豉。

主料 小米、粳米各100克，芸豆200克。

做法

❶ 将芸豆择洗干净，切粒。

❷ 小米、粳米淘洗干净。

❸ 锅置火上，加入适量清水，倒入粳米、小米，大火煮沸，加芸豆粒，改小火煮至成粥即可。

营养小典：适宜于孕妇肾虚、胃热而至的腰膝酸软、自汗、遗尿、不思饮食等。

两米芸豆粥

主料 红米100克，芋头、胡萝卜各50克，芹菜、羊栖菜各20克。

调料 高汤、酱油、料酒、盐各适量。

做法

❶ 芋头、胡萝卜均去皮，洗净，切块；芹菜切末，放入盐水中余烫后捞出；羊栖菜用水泡软，放入沸水锅焯烫后捞出；红米洗净。

❷ 锅中倒入适量水，放入红米，中火煮开，改小火煮20分钟，倒入高汤、芋头、胡萝卜、羊栖菜一起煮10分钟，加入酱油、料酒、盐，继续煮5分钟，撒芹菜粒即可。

营养小典：红米即红糯米，是米中珍品，其在温补、富含营养的基础上，补血功效是神奇。

红米杂烩粥

主料 大米100克，韭菜50克。

做法

❶ 大米淘洗干净，浸泡30分钟。

❷ 韭菜择洗干净，切成小段。

❸ 锅中加入适量水，放入大米煮粥，粥成时加入韭菜，再微煮即可。

营养小典：温中补虚，暖肾益阴。适宜于肾阳虚弱所致的男子阳痿、遗精、腰膝无力和女子月经不调、遗尿以及老年性便秘患者日常服食。

韭菜粥

胡萝卜菠菜粥

主料 胡萝卜、菠菜各30克，大米100克。

调料 盐、味精各适量。

做法

① 大米淘洗干净；菠菜洗净，切段；胡萝卜洗净，切丁。

② 锅置火上，倒入适量水，放入大米，用大火煮至米粒绽开，放入菠菜、胡萝卜丁，改小火煮至粥成，调入盐、味精即可。

营养小典：菠菜能润燥滑肠、清热除烦、洁肤抗老。

胡萝卜山药大米粥

主料 胡萝卜、山药各50克，大米100克。

调料 盐、味精各适量。

做法

① 山药去皮洗净，切块；大米淘洗干净；胡萝卜洗净，切丁。

② 锅内倒水，放入大米，大火煮至米粒绽开，放入山药、胡萝卜，改用小火煮至粥成，放入盐、味精调味即可。

做法支招：山药要煮久一点，才会软糯。

山药鸡蛋南瓜粥

主料 山药、南瓜各50克，鸡蛋黄1个，粳米100克。

调料 盐、味精各适量。

做法

① 山药去皮洗净，切块；南瓜去皮洗净，切丁；粳米泡发洗净。

② 锅内倒水，放入粳米，大火煮至米粒绽开，放入鸡蛋黄、南瓜、山药，改用小火煮至粥成、闻见香味时，放入盐、味精调味即成。

做法支招：蛋清也可一起加入。

主料 山药 50 克，小米 100 克，黑芝麻 10 克。
调料 盐、葱花各适量。
做法

① 小米泡发洗净；山药洗净，切丁；黑芝麻洗净。

② 锅置火上，倒入适量水，放入小米、山药煮开，加入黑芝麻同煮至浓稠状，调入盐拌匀，撒上葱花即可。

做法支招：加入芝麻后改用小火煮，这样味道更好。

山药芝麻小米粥

主料 鲜藕、花生、红枣各 30 克，糯米 100 克。
调料 白糖适量。
做法

① 糯米淘洗干净，用水浸泡 1 小时；鲜藕洗净，切块；花生洗净；红枣去核洗净。

② 锅置火上，倒入适量水，放入糯米、藕块、花生、红枣，大火煮沸，改用小火煮至粥成，加入白糖调味即可。

做法支招：莲藕切片，切薄一点，更易煮熟。

莲藕糯米粥

主料 大米 100 克，绿茶 10 克，乌梅肉、青菜各 20 克。
调料 姜、盐、红糖各适量。
做法

① 大米洗净；生姜去皮，洗净，切丝，与绿茶一同加水煮，取汁；青菜洗净，切碎。

② 锅置火上，加入适量水，倒入姜茶汁，放入大米，大火煮开，加入乌梅肉同煮至浓稠，放入青菜煮片刻，调入盐、红糖拌匀即可。

做法支招：煮姜茶汁时要把握好火候。

绿茶乌梅粥

毛豆糙米粥

主料 毛豆仁30克，糙米100克。

调料 盐适量。

做法

① 糙米淘洗干净，用水浸泡1小时；毛豆仁洗净。

② 锅置火上，倒入适量水，放入糙米、毛豆仁，中火煮至粥浓稠，调入盐拌匀即可。

做法支招：宜用大火煮。

木耳枣杞粥

主料 木耳、红枣各30克，枸杞子10克，糯米100克。

调料 盐、葱花各适量。

做法

① 糯米淘洗干净；木耳泡发洗净；红枣去核洗净，切块；枸杞子洗净。

② 锅置火上，倒入适量水，放入糯米煮至米粒绽开，放入木耳、红枣、枸杞子，小火煮至粥成，加盐调味，撒上葱花即可。

做法支招：糯米可以煮久一点，口感更好。

糯米银耳粥

主料 糯米100克，银耳、玉米各20克。

调料 盐、葱花各适量。

做法

① 银耳泡发洗净；糯米淘洗干净；玉米洗净。

② 锅置火上，倒入适量水，放入糯米煮至米粒开花，放入银耳、玉米，小火煮至粥成浓稠状，加盐调味，撒上葱花即可。

营养小典：银耳富有天然植物性胶质，加上它的滋阴作用，长期服用是良好的润肤佳品。

主料　芥菜30克，大米100克。

调料　盐、胡椒粉、八角茴香各适量。

做法

❶ 大米洗净，泡发30分钟，捞出沥干水分；芥菜洗净，切丝。

❷ 锅置火上，倒入清水，放入大米，大火煮开，加入八角茴香，煮至粥熟，加入芥菜丝，以小火煮至粥浓稠，调入盐、胡椒粉拌匀即可。

营养小典：润肾补肾，舒肝木，达阴郁。

茴香青菜粥

主料　生姜、红枣各20克，大米100克。

调料　盐、葱花各适量。

做法

❶ 大米淘洗干净；生姜去皮，洗净，切丝；红枣洗净，去核。

❷ 锅置火上，加入适量水，放入大米，大火煮至米粒开花，加入生姜、红枣同煮至粥浓稠，调入盐拌匀，撒上葱花即可。

营养小典：生姜发汗解表，温中止呕，温肺止咳，解鱼蟹毒，解药毒。

生姜红枣粥

主料　生姜、红辣椒各20克，大米100克。

调料　盐、葱花各适量。

做法

❶ 大米淘洗干净；红辣椒洗净，切圈；生姜洗净，切丝。

❷ 锅置火上，倒入适量水，放入大米煮至米粒开花，放入辣椒圈、姜丝，小火煮至粥浓稠，调入盐拌匀，撒上葱花即可。

做法支招：米煮至八成熟时即可放入辣椒。

生姜辣椒粥

双菌姜丝粥

主料 茶树菇、金针菇、姜丝各25克,大米100克、

调料 盐、味精、香油、葱花各适量。

做法

① 茶树菇、金针菇均泡发洗净；大米淘洗干净。

② 锅置火上，倒入适量水，放入大米、茶树菇、金针菇、姜丝，旺火煮至米粒绽开，加盐、味精、香油调味，撒上葱花即可。

做法支招：茶树菇要用清水久泡，这样味道更佳。

猴头菇粥

主料 猴头菇50克，粳米100克。

调料 葱花、姜末、精盐、味精各适量。

做法

① 将猴头菇用温开水泡发，去柄蒂，洗净，剁成末。

② 粳米淘洗干净，放入锅中，倒入适量水，大火烧沸，加入猴头菇末、姜末，小火煮至成稠粥，加精盐、味精调味，撒葱花即成。

营养小典：调补脾胃，促进食欲，防癌抗癌。适宜于吸收不良综合征、慢性胃炎、消化性溃疡、胃窦炎及防治消化道肿瘤。

土豆芦荟粥

主料 土豆、芦荟各30克，大米100克。

调料 盐适量。

做法

① 大米淘洗干净；芦荟去皮洗净，切片；土豆洗净，切小块。

② 锅置火上，倒适量水，放入大米，大火煮至米粒绽开，放入土豆、芦荟，小火煮至粥成，加盐调味即可。

做法支招：选用饱满一点的芦荟，口感更好。

主料 菜花、鲜香菇、胡萝卜各30克,大米100克。

调料 盐、味精各适量。

做法

❶ 大米淘洗干净;菜花洗净,掰成小朵;胡萝卜洗净,切成小块;香菇洗净,切条。

❷ 锅置火上,倒入适量水,放入大米煮至米粒绽开,放入菜花、胡萝卜、香菇,改小火煮至粥成,加盐、味精调味即可。

做法支招:香菇要煮熟方可食用。

花菜香菇粥

主料 水发香菇30克,枸杞子、红枣各10克,糯米100克。

调料 盐适量。

做法

❶ 糯米淘洗干净,浸泡30分钟;香菇洗净,切丝;枸杞子洗净;红枣洗净,去核。

❷ 锅置火上,放入糯米、枸杞子、红枣、香菇丝,倒入清水煮至米粒开花,转小火煮至粥浓稠,加盐拌匀即可。

做法支招:香菇切成细丝,这样更容易煮熟。

香菇枸杞养生粥

主料 香菇、白菜各30克,燕麦片100克。

调料 盐、葱花各适量。

做法

❶ 燕麦片淘洗干净;香菇洗净,切片;白菜洗净,切丝。

❷ 锅置火上,倒入适量水,放入燕麦片,大火煮开,加入香菇、白菜同煮至浓稠状,调入盐拌匀,撒上葱花即可。

营养小典:燕麦以浅土褐色、外观完整、散发清淡香味者为佳。

香菇燕麦粥

香菇红豆粥

主料 大米100克，香菇、红豆、马蹄各25克。

调料 盐、鸡精、胡椒粉各适量。

做法

① 大米淘洗干净；红豆洗净，浸泡2小时，捞出沥水；马蹄去皮，洗净，切块；香菇泡发洗净，切丝。

② 锅置火上，倒入适量水，放入大米、红豆，大火煮开。加入马蹄、香菇同煮至粥呈浓稠状，调入盐、鸡精、胡椒粉拌匀即可。

做法支招：红豆一定要提前泡发，否则不易煮熟。

雪里蕻红枣粥

主料 雪里蕻、红枣各25克，糯米100克。

调料 白糖适量。

做法

① 糯米淘洗干净，用水浸泡30分钟；红枣洗净；雪里蕻洗净丝。

② 锅置火上，放入糯米，加适量水煮至五成熟，放入红枣煮至米粒开花，放入雪里蕻、白糖稍煮，调匀后即可。

做法支招：要选择叶片质地脆嫩、纤维较少的新鲜雪里蕻。

银耳山楂粥

主料 银耳、山楂各10克，大米100克。

调料 白糖适量。

做法

① 大米淘洗干净；银耳泡发，洗净切碎；山楂洗净，切片。

② 锅置火上，放入大米，倒入适量水煮至米粒开花，放入银耳、山楂同煮至粥至浓稠状，调入白糖拌匀即可。

做法支招：银耳最好用开水泡发，去掉那些未泡发的部分。

主料 大米100克，玉米糁、芋头各30克，黑芝麻10克。

调料 白糖适量。

做法

① 大米洗净，泡发30分钟，捞起沥干水分；芋头去皮洗净，切块。

② 锅置火上，倒入适量水，放入大米、玉米糁、芋头，中火煮熟，放入黑芝麻，改用小火煮至粥成，调入白糖即可。

做法支招：芋头要煮熟，否则黏液会刺激咽喉。

芋头芝麻粥

主料 大米100克，苹果50克，玉米粒20克。

调料 冰糖、葱花各适量。

做法

① 大米淘洗干净；苹果洗净后切块；玉米粒洗净。

② 锅置火上，放入大米，加适量水煮至八成熟，放入苹果块、玉米粒煮至米烂，放入冰糖熬融调匀，撒上葱花便可。

营养小典：苹果具有生津开胃、解暑除烦、和脾益气、润肠止泻等功效。

香甜苹果粥

主料 苹果、胡萝卜各30克，牛奶100毫升，大米100克。

调料 白糖适量。

做法

① 胡萝卜、苹果洗净切成小块；大米淘洗干净。

② 锅置火上，注入清水，放入大米煮至八成熟，放入胡萝卜、苹果煮至粥将成，放入牛奶稍煮，加入白糖调匀即可。

营养小典：苹果还有补脑助血、安眠养神、退热解毒等功效。

苹果萝卜牛奶粥

苹果蛋黄粥

主料 苹果30克，熟鸡蛋黄1个，玉米粉50克。

做法

① 苹果洗净，切碎；玉米粉用凉水调匀；熟鸡蛋黄研碎。

② 锅置火上，加入适量清水烧开，倒入玉米粉，边煮边搅动，烧开后，放入苹果和熟鸡蛋黄，改用小火煮5分钟即可。

营养小典：苹果所含有的果胶和钾均居果品中的首位。

枸杞木瓜粥

主料 枸杞子10克，木瓜50克，糯米100克。

调料 白糖、葱花各适量。

做法

① 糯米洗净，用清水浸泡30分钟；枸杞子洗净；木瓜切开取果肉，切块。

② 锅置火上，放入糯米，加适量水煮至八成熟，放入木瓜、枸杞子煮至米烂，加白糖调匀，撒葱花即可。

营养小典：枸杞子含有丰富的胡萝卜素、维生素A、维生素B$_1$、维生素B$_2$、维生素C、钙、铁等健康眼睛必需的营养素，故擅长明目，俗称"明眼子"。

香蕉玉米粥

主料 香蕉、玉米粒、豌豆各20克，大米100克。

调料 冰糖适量。

做法

① 大米泡发洗净；香蕉去皮，切片；玉米粒、豌豆均洗净。

② 锅置火上，注入清水，用大火煮至米粒绽开，放入香蕉、玉米粒、豌豆、冰糖，用小火煮至粥稠即可。

做法支招：香蕉切薄片有利于香味散发。

🐟 **主料**　猕猴桃30克，樱桃10克，大米100克。

🥄 **调料**　白糖适量。

🍲 **做法**

① 大米淘洗干净；猕猴桃去皮洗净，切块；樱桃洗净，去核。

② 锅置火上，倒入适量水，放入大米煮至米粒绽开后，放入猕猴桃、樱桃，改用小火煮至粥成，加白糖调味即可。

营养小典：猕猴桃味甘酸，性寒，有解热、止渴、通淋、健胃的功效。

猕猴桃樱桃粥

🐟 **主料**　甜瓜、胡萝卜各30克，豌豆10克，西米100克。

🥄 **调料**　白糖适量。

🍲 **做法**

① 西米洗净，用水浸泡2小时；甜瓜、胡萝卜均洗净，切丁；豌豆洗净。

② 锅置火上，倒入清水，放入西米、甜瓜、胡萝卜、豌豆，大火煮开，转中火煮至呈浓稠状，调入白糖拌匀即可。

做法支招：选购时闻一闻瓜的头部，有香味的瓜一般较甜。

甜瓜西米粥

🐟 **主料**　桂圆肉30克，糯米100克。

🥄 **调料**　白糖、姜丝各适量。

🍲 **做法**

① 糯米淘洗干净。

② 锅置火上，放入糯米，加适量水煮至粥将成，放入桂圆肉、姜丝，煮至米烂，加入白糖调匀即可。

营养小典：桂圆治疗虚劳羸弱、失眠、健忘、惊悸、怔忡、心虚头晕效果显著。

桂圆糯米粥

无花果粥

主料 无花果20克，大米100克。

调料 白糖适量。

做法

① 无花果洗净，一切两半。

② 大米淘洗干净，浸泡30分钟。

③ 将大米、无花果同入锅内，加适量水，大火烧沸，改小火煮30分钟，加入白糖搅匀即成。

营养小典：无花果润肺止咳，清热润肠。用于咳喘、咽喉肿痛、便秘、痔疮。

绿豆粥

主料 绿豆50克，大米100克。

调料 糖适量。

做法

① 绿豆洗净，浸泡2小时；大米淘洗干净。

② 锅中倒入适量水，放入绿豆煮至开花，加入大米煮至米熟、豆烂，加糖调味即可。

做法支招：调入蜂蜜或者玫瑰糖，可以变化出不同的美味。

草莓绿豆粥

主料 糯米150克，绿豆、草莓各50克。

调料 糖适量。

做法

① 绿豆挑去杂质，淘洗干净，用清水浸泡4小时；草莓择洗干净。

② 糯米淘洗干净，与泡好的绿豆一并放入锅内，加入适量水，大火烧沸，转小火煮至米粒开花、绿豆酥烂，加入草莓、糖搅匀，稍煮一会儿即可。

做法支招：将草莓放在盆子里用盐水浸泡，然后轻轻摇晃着在水龙头下冲洗，即可洗净残留农药又不碰伤草莓的表皮。

主料 海带、绿豆各50克，粳米100克。

调料 白糖适量。

做法

① 海带浸透，洗净，切丝；绿豆淘洗干净，浸泡2小时。

② 粳米淘洗干净。

③ 海带、绿豆、粳米同入锅中，加适量水，大火煮沸，转小火煲成粥，加少许白糖调味，再煲沸即可。

营养小典：适宜于热病伤津、口干烦渴，或暑热毒盛、皮肤热痱，亦可用于颈淋巴结炎。

海带绿豆粥

主料 绿豆、薏米各50克，糯米100克。

调料 冰糖适量。

做法

① 将各主料洗净，浸泡。

② 绿豆、薏米、糯米放入煮锅中，加适量水，大火煮开，改小火煮40分钟，放入冰糖，中火再煮25分钟即可。

饮食宜忌：绿豆、薏米皆是凉性，手脚冰冷、脾胃弱者应该避免食用。

绿豆薏仁粥

主料 大米100克，番茄、山药各50克。

调料 鸡精、盐各适量。

做法

① 大米淘洗干净；山药洗净，切片；番茄洗净，切瓣。

② 将大米、山药同放锅内，加适量水和盐，置大火上烧沸，转小火煮30分钟，加入番茄，再煮10分钟，加盐、鸡精调味即可。

营养小典：番茄红素作为一种抗氧化剂，其对有害游离基的抑制作用是维生素E的10倍左右。番茄加热时间越长，番茄红素和其他抗氧化剂增幅越大。

山药番茄粥

芹菜草莓粥

主料 大米100克，芹菜、草莓各50克。

做法

① 大米淘洗干净；草莓洗净切片；芹菜洗净切成颗粒状。

② 把大米放入锅内，加水煮沸，用小火煮30分钟，下入芹菜、草莓，煮成粥即可。

做法支招：大米加少许香油和酱油浸泡后再煮，味道更佳。

鸡蛋粥

主料 鸡蛋1个，胡萝卜、菠菜各30克，米饭100克。

调料 肉汤适量。

做法

① 胡萝卜和菠菜洗净，切碎；鸡蛋磕入碗中打散。

② 将米饭、肉汤和切碎的胡萝卜、菠菜倒入锅中同煮，煮开之后倒入蛋糊搅匀即可。

做法支招：将鸡蛋放在冷水中，如果蛋平躺在水里，说明很新鲜；如果它倾斜在水中，它至少已存放3~5天了；如果它笔直立在水中，可能存放10天之久；如果它浮在水面上，这种蛋有可能已经变质，建议不要购买。

青菜肉末粥

主料 大米100克，绿叶蔬菜、瘦猪肉各20克。

调料 高汤适量。

做法

① 大米淘洗干净，用清水浸泡1小时；蔬菜叶洗净，放入开水锅内煮软，切碎；瘦猪肉洗净，剁成细泥。

② 锅内加高汤，加入泡好的大米，先用大火烧开，再转小火熬煮30分钟，放入准备好的蔬菜末和肉末再煮5分钟即可。

营养小典：青菜中含有大量粗纤维，可以减少动脉硬化形成，保持血管弹性。

主料 大米100克，山药、胡萝卜、猪肉各30克。

调料 盐、味精、葱花、姜丝各适量。

做法

① 山药、胡萝卜均去皮洗净，切块；猪肉洗净，切丝；大米淘净，用清水泡好。

② 锅中倒水，下入大米煮开，改中火，放入胡萝卜、山药煮至粥稠冒泡，加入猪肉熬至粥成，调入盐、味精、撒上葱花、姜丝即可。

做法支招：山药去皮时在手上涂一些醋，可以防止山药黏滑无法握住。

萝卜肉丝粥

主料 干黄花菜、瘦猪肉各20克，大米100克。

调料 盐、味精、葱花、姜末各适量。

做法

① 瘦猪肉洗净，切丝；干黄花菜用水泡发，切段；大米淘净，浸泡30分钟后捞出沥干水分。

② 锅中倒水，下入大米，大火烧开，改中火，下入猪肉、黄花菜、姜末，煮至猪肉变熟，小火将粥熬好，调入盐、味精、撒上葱花即可。

饮食宜忌：鲜黄花菜有毒，不可食用。

黄花菜瘦肉粥

主料 番茄50克，猪瘦肉20克，大米100克。

调料 盐、味精、葱花、香油各适量。

做法

① 番茄洗净，切成小块；猪瘦肉洗净切丝；大米淘净，泡30分钟。

② 锅中放入大米，加适量清水，大火烧开，改用中火，下入猪瘦肉，煮至猪肉变熟，改小火，放入番茄，慢熬成粥，加入盐、味精调味，淋上香油，撒上葱花即可。

做法支招：粥快煮好前15分钟放番茄，这样粥会比较浓且有味。

瘦肉番茄粥

瘦肉豌豆粥

主料 猪瘦肉、豌豆各30克，大米100克。

调料 盐、鸡精、葱花、姜末、香油各适量。

做法

① 豌豆洗净；猪瘦肉洗净，剁成末；大米淘洗干净，用水浸泡30分钟。

② 大米入锅，加清水烧开，改中火，放姜末、豌豆煮至米粒开花，加入猪瘦肉，改小火熬至粥浓稠，调入盐、鸡精、香油搅匀，撒上葱花即可。

做法支招：生青豌豆直接放冰箱冷藏，可延长保存时间。

肉末紫菜豌豆粥

主料 大米100克，猪肉、紫菜各10克，豌豆20克。

调料 盐、鸡精各适量。

做法

① 紫菜泡发洗净；猪肉洗净，剁成末；大米淘洗干净；豌豆洗净。

② 锅中倒水，放入大米、豌豆，大火烧开，下入猪肉煮至熟，小火将粥熬好，放入紫菜拌匀，调入盐、鸡精拌匀即可。

做法支招：加点胡萝卜营养会更丰富。

茄子粥

主料 茄子、肉末各50克，粳米100克。

调料 食用油、葱花、姜末、料酒、精盐、味精各适量。

做法

① 茄子洗净，切成丝，入沸水中焯一下，捞出沥水。

② 炒锅置火上，倒油烧至七成热，下葱花、姜末煸炒香，放入肉末，烹入料酒，炒至肉将熟时，下入茄丝翻炒片刻，离火。

③ 将粳米淘净，放入锅中，加适量水烧沸，小火煨煮至粥熟时，拌入肉末、茄丝，调入精盐、味精煮沸，稍焖即成。

营养小典：适用于高血压病、冠心病、动脉硬化症。

主料 鸡肉末、羊肉末、香菇、胡萝卜各30克，大米100克，芹菜20克。

调料 盐适量，香油少许。

做法

① 香菇、芹菜、胡萝卜均切丁；大米淘洗干净。

② 锅中倒入大米，加适量水，大火煮沸，转中火煮至将熟，加入鸡肉末、羊肉末、香菇丁、胡萝卜丁，煮至粥成，加适量盐调味，起锅撒上芹菜，淋香油即可。

做法支招：肉末切得越碎越好，方便营养充分融入粥里。

什锦粥

主料 大米100克，猪肉、金针菇各30克。

调料 盐、味精、葱花各适量。

做法

① 猪肉洗净，切丝，用盐腌制片刻；金针菇洗净，去老根；大米淘净，浸泡30分钟，捞出沥干水分。

② 锅中倒水，放入大米，旺火煮开，改中火，下入腌好的猪肉，煮至猪肉变熟，加入金针菇，熬至粥成，加盐、味精调味，撒上葱花即可。

做法支招：金针菇也可在开水中焯一下。

金针菇猪肉粥

主料 白菜心、紫菜、猪肉、虾仁各20克，大米100克。

调料 盐、味精各适量。

做法

① 猪肉洗净，切丝；白菜心洗净，切成丝；紫菜泡发，洗净；虾仁洗净；大米淘净，泡好。

② 锅中倒水，放入大米，旺火煮开，改中火，下入猪肉、虾仁，煮至虾仁变红，改小火，放入白菜心、紫菜，慢熬成粥，调入盐、味精即可。

做法支招：加几片香菇，味道更好。

白菜紫菜猪肉粥

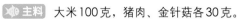

玉米鸡蛋猪肉粥

主料 玉米糁、大米各50克，猪肉50克，鸡蛋1个(约60克)。

调料 盐、鸡精、料酒、葱花各适量。

做法

① 猪肉洗净，切片，用料酒、盐腌渍片刻；玉米糁、大米淘洗干净，浸泡1小时；鸡蛋打入碗中搅匀。

② 锅中加清水，放玉米糁、大米，大火煮开，改中火煮至粥将成，下入猪肉，煮至猪肉熟，淋入蛋液，加盐、鸡精调味，撒上葱花即可。

做法支招：淋入鸡蛋液的时候要用勺子搅拌。

枸杞山药瘦肉粥

主料 山药、猪肉各25克，大米100克，枸杞子10克。

调料 盐、味精、葱花各适量。

做法

① 山药去皮洗净，切块；猪肉洗净，切块；枸杞子洗净；大米淘净，泡30分钟。

② 锅中倒水，放入大米、山药、枸杞子，大火烧开，改中火，放入猪肉，煮至猪肉熟，转小火将粥熬好，调入盐、味精，撒上葱花即可。

营养小典：补肝明目，壮骨强身。

鸡蛋玉米瘦肉粥

主料 大米100克，玉米粒、猪肉各20克，鸡蛋1个(约60克)。

调料 盐、香油、胡椒粉、葱花各适量。

做法

① 大米洗净，用清水浸泡；猪肉洗净切片；鸡蛋煮熟后切碎。

② 锅置火上，倒入清水，放入大米、玉米粒煮至七成熟，放入猪肉煮至粥成，放入鸡蛋，加盐、香油、胡椒粉调匀，撒上葱花即可。

营养小典：玉米素有长寿食品的美称，含有丰富的蛋白质、脂肪、维生素、微量元素、纤维素及多糖等营养元素。

主料 皮蛋、瘦肉各30克，薏米、大米各50克，枸杞子10克。

调料 盐、麻油、胡椒粉、葱花各适量。

做法

① 大米、薏米均洗净，用水浸泡2小时；皮蛋洗净切丁；瘦肉洗净切小块。

② 锅置火上，倒入清水，放入大米、薏米煮至略带黏稠状，放入皮蛋、瘦肉、枸杞子煮至粥将成，加盐、麻油、胡椒粉调匀，撒上葱花即可。

做法支招：将皮蛋放在手掌中掂一掂，颤动大的品质好。

皮蛋瘦肉薏米粥

主料 猪肉丸30克，大米100克。

调料 葱花、姜末、盐、味精各适量。

做法

① 大米淘净，浸泡30分钟。

② 锅中倒水，加入大米，大火烧开，改中火，放猪肉丸、姜末，煮至肉丸变熟，改小火，将粥熬好，加盐、味精调味，撒上葱花即可。

做法支招：水滚之后，一边搅拌一边煲，可防止粥溢出。

肉丸香粥

主料 玉米粒、火腿各25克，大米100克。

调料 盐、胡椒粉各适量。

做法

① 火腿切丁；大米淘净，用水浸泡30分钟，捞出沥干水分。

② 大米下锅，加适量清水，大火煮沸，加入火腿、玉米粒，转中火熬煮至米粒开花，改小火熬至粥浓稠，调入盐、胡椒粉即可。

做法支招：食用时加香油，味道也不错。

玉米火腿粥

萝卜干肉末粥

主料 萝卜干、猪肉各25克，大米100克。

调料 盐、味精、姜末各适量。

做法

① 萝卜干洗净，切段；猪肉洗净，剁碎；大米洗净。

② 锅中倒水，放入大米、萝卜干，大火烧开，改中火，下入姜末、猪肉粒，煮至猪肉熟，改小火熬至粥浓稠，下入盐、味精调味即可。

做法支招：萝卜干可先用清水泡软。

香菇瘦肉粥

主料 香菇、马蹄各25克，猪瘦肉50克，大米100克。

调料 精盐、葱花适量。

做法

① 将大米淘洗干净，浸泡30分钟；香菇洗净，切薄片；马蹄洗净去皮，一切两半；猪瘦肉洗净，切成薄片。

② 大米放入锅内，加入适量水，放入马蹄、猪瘦肉、香菇，大火烧沸，改小火煮30分钟，熄火，加入精盐调匀，撒葱花即成。

营养小典：香菇具有降低胆固醇、降血压、增强人体免疫力、抗癌、补血等功效。

排骨皮蛋粥

主料 大米、排骨各100克，无铅松化蛋、化生米各20克。

调料 酱油、精盐、味精各适量。

做法

① 排骨洗净，切成段，用酱油、精盐腌渍1小时，放入沸水中煮熟。

② 将无铅松花蛋去壳，洗净，切成小方块。

③ 大米、花生米均洗净，放入沸水锅中，煮至米粥将成，放入松花蛋丁、排骨、酱油、味精，煮至粥稠即可。

营养小典：排骨具有滋阴壮阳、益精补血的功效。

主料 猪肝、南瓜各30克，大米100克。

调料 葱花、料酒、盐、味精、香油各适量。

做法

① 南瓜洗净去皮，切块；猪肝洗净，切片，放入沸水锅煮至变色，捞出沥干；大米淘净，泡好。

② 锅中倒水，放入大米，大火烧开，下入南瓜，转中火熬煮，待粥快熟时，加入猪肝、盐、料酒、味精，待猪肝熟透，淋香油，撒上葱花即可。

营养小典：此粥健脾养胃，补肝明目。

猪肝南瓜粥

主料 绿豆50克，猪肝30克，大米100克。

调料 盐适量。

做法

① 绿豆、大米均淘洗干净，用水浸泡1小时；猪肝洗净，切碎。

② 锅中倒入适量水，放入绿豆煮至开花，加入大米煮至八成熟，放入猪肝末同煮至米烂粥成，加盐调味即可。

营养小典：此粥补肝养血、清热明目、美容润肤，可使人容光焕发，特别适合那些面色蜡黄、视力减退、视物模糊的体弱者。

猪肝绿豆粥

主料 猪肚、白萝卜各30克，大米100克。

调料 葱花、姜末、醋、胡椒粉、味精、盐、料酒、香油各适量。

做法

① 白萝卜去皮洗净，切块；大米淘净，浸泡30分钟；猪肚洗净，切条，用盐、料酒拌匀腌渍20分钟。

② 锅中倒水，放入大米，旺火烧沸，下入腌好的猪肚、姜末，滴入醋，下入白萝卜，中火熬至粥成，加盐、味精、胡椒粉调味，淋香油，撒上葱花即可。

做法支招：宜选用细嫩光滑、结实的萝卜。

萝卜猪肚粥

陈皮猪肚粥

主料 陈皮10克，黄芪5克，猪肚30克，大米100克。

调料 盐、鸡精、葱花各适量。

做法

① 猪肚洗净，切条；大米淘净，浸泡30分钟，捞出沥干；黄芪、陈皮均洗净，切碎。

② 锅中倒水，下入大米，大火烧开，放入猪肚、陈皮、黄芪，转中火熬煮至米粒开花，粥浓稠，加盐、鸡精调味，撒上葱花即可。

营养小典：储存越久的陈皮越好。

生姜猪肚粥

主料 猪肚30克，大米100克，生姜15克。

调料 盐、味精、料酒、葱花各适量。

做法

① 生姜洗净，去皮，切末；大米淘净，浸泡30分钟；猪肚洗净，切条，用盐、料酒腌制10分钟。

② 锅中倒水，放入大米，大火烧沸，下入腌好的猪肚、姜末，熬煮至米粒开花，改小火熬至粥浓稠，加盐、味精调味，滴入香油，撒上葱花即可。

做法支招：先将猪肚放沸水中氽一下。

猪肾粥

主料 猪腰50克，大米100克。

调料 姜末、葱花、盐各适量。

做法

① 将猪腰洗净，剖成两半，切去中间的白膜和臊腺；大米洗净。

② 锅置火上，倒入适量清水，放入猪腰，加入姜末、葱花煮开，将大米倒入锅内，先用大火烧开，再用小火煮30分钟，加盐调味即可。

做法支招：猪腰中间的白膜和臊腺带有腥臊味，一定要去除干净。

板栗花生猪腰粥

主料 猪腰30克，板栗、花生米各20克，糯米100克。

调料 盐、鸡精、葱花各适量。

做法

① 糯米洗净，浸泡3小时；花生米洗净；板栗去壳、去皮；猪腰洗净，剖开，除去腰臊，打上花刀，切成薄片。

② 锅中倒水，放入糯米、板栗、花生米旺火煮沸，待米粒开花，放入猪腰，小火熬至猪腰熟，加盐、鸡精调味，撒入葱花即可。

做法支招：板栗、花生米也可先放水里浸泡几个小时。

猪腰枸杞大米粥

主料 猪腰30克，枸杞子10克，大米100克。

调料 盐、鸡精、葱花各适量。

做法

① 猪腰洗净，去腰臊，切花刀；枸杞子洗净；大米淘净，泡好。

② 大米放入锅中，加水，旺火煮沸，下入枸杞子，中火熬煮至米粒开花，放入猪腰，转小火，待猪腰熟，加盐、鸡精调味，撒上葱花即可。

做法支招：猪腰要去除腰臊腺。

猪腰香菇粥

主料 大米100克，猪腰、香菇各20克。

调料 盐、鸡精、葱花各适量。

做法

① 香菇洗净，对半切开；猪腰洗净，去除腰臊，剖花刀；大米淘净，浸泡30分钟后捞出沥干。

② 锅中倒水，放入大米以旺火煮沸，加入香菇，小火熬煮至将成，放入猪腰煮熟，调入盐、鸡精搅匀，撒上葱花即可。

做法支招：泡香菇的干净水可一并倒入锅中煮。

猪肺毛豆粥

主料 猪肺、毛豆、胡萝卜各25克，大米100克。

调料 姜丝、盐、鸡精、香油各适量。

做法

① 胡萝卜洗净，切丁；猪肺洗净切块，入沸水中余烫后，捞出；大米淘净，浸泡30分钟。

② 锅中倒水，放入大米，旺火煮沸，下入毛豆、胡萝卜、姜丝，改中火煮至米粒开花。再下入猪肺，转小火焖煮，熬煮成粥，加盐、鸡精调味，淋香油即可。

做法支招：猪肺用自来水管灌水的方法可洗得更干净。

猪脑粥

主料 猪脑50克，大米100克。

调料 葱花、姜末、料酒、味精、盐各适量。

做法

① 大米淘净，用冷水浸泡30分钟，捞出沥干水分；猪脑用清水浸泡20分钟，装入碗中，加入姜末、料酒，入锅中蒸熟。

② 锅中倒水，放入大米，倒入蒸猪脑的原汤，熬至粥将成，下入猪脑煮5分钟，待香味逸出，加盐、味精调味，撒上葱花即可。

营养小典：增强营养，健脑益智。

猪红腐竹粥

主料 猪血、腐竹各25克，干贝10克，大米100克。

调料 盐、葱花、胡椒粉各适量。

做法

① 腐竹、干贝均用温水泡发，腐竹切条，干贝撕碎；猪血洗净，切块；大米淘净，浸泡30分钟。

② 锅中倒水，放入大米，旺火煮沸，下入干贝，中火熬煮至米粒开花，转小火，放入猪血、腐竹，待粥熬至浓稠，加盐、胡椒粉调味，撒上葱花即可。

做法支招：注意熬粥时不要让猪血块破碎。

香菇猪蹄粥

主料 大米、净猪蹄各100克，香菇30克。

调料 盐、鸡精、姜末、香菜各适量。

做法

① 大米淘净，浸泡30分钟，捞出沥干；猪蹄洗净，砍成小块，入锅中炖烂，捞出；香菇洗净，切块。

② 大米入锅，加水煮沸，下入猪蹄、香菇、姜末，中火熬煮至米粒开花，转小火熬出香味，调入盐、鸡精，撒上香菜即可。

营养小典：猪蹄含有丰富的胶原蛋白，脂肪含量也比肥肉低。

牛肉菠菜粥

主料 牛肉、菠菜各30克，红枣15克，大米100克。

调料 姜丝、盐、胡椒粉各适量。

做法

① 菠菜洗净，切碎；红枣洗净，去核；大米淘净，浸泡30分钟；牛肉洗净，切片。

② 锅中加适量水，下入大米、红枣、姜丝，大火烧开，下入牛肉，转中火熬煮至牛肉断生，加入菠菜熬至米烂粥成，加盐、胡椒粉调味即可。

做法支招：菠菜食用前要焯水去除草酸。

枸杞牛肉莲子粥

主料 牛肉30克，枸杞子、莲子各10克，大米100克。

调料 盐、鸡精、葱花各适量。

做法

① 牛肉洗净，切片；莲子洗净，浸泡30分钟，挑去莲心；枸杞子洗净；大米淘净，泡30分钟。

② 大米入锅，加适量水，旺火烧沸，加入枸杞子、莲子，转中火熬至米粒开花，放入牛肉片，小火熬至粥出香味，加盐、鸡精调味，撒上葱花即可。

饮食宜忌：中满痞胀及大便燥结者，忌食莲子。

牛筋三蔬粥

主料 水发牛蹄筋30克，胡萝卜、玉米粒、豌豆各10克，糯米100克。

调料 盐、味精各适量。

做法

① 胡萝卜洗净，切丁；糯米淘净，浸泡1小时；玉米粒、豌豆均洗净；水发牛蹄筋洗净，入锅炖烂，切条。

② 糯米放入锅中，加适量水，大火烧沸，加入水发牛蹄筋、玉米粒、豌豆、胡萝卜，转小火熬煮至米烂粥成，加盐、味精调味即可。

做法支招：刚买来的发制好的蹄筋应反复用清水过洗几遍。

羊肉粥

主料 鲜羊肉50克，粳米100克。

调料 精盐、姜末、葱花各适量。

做法

① 将鲜羊肉洗净，切成薄片。

② 粳米淘洗干净，浸泡30分钟。

③ 将鲜羊肉、粳米、姜末同入锅内，加适量水，大火烧沸，转小火煮至粥成，调入精盐，撒上葱花即成。

营养小典：此粥适宜于阳气不足、气血亏损、体弱羸瘦、恶寒怕冷、腰膝酸软等症。

羊肉生姜粥

主料 羊肉、生姜各25克，大米100克。

调料 葱花、盐、鸡精、胡椒粉各适量。

做法

① 生姜洗净去皮，切丝；羊肉洗净，切片；大米淘净。

② 大米入锅，加适量水，大火煮沸，下入羊肉、姜丝，转中火熬煮至米粒开花，改小火熬至粥出香味，调入盐、鸡精、胡椒粉，撒葱花即可。

做法支招：羊肉热量较大，适合体质虚寒、四肢怕冷的人多食用。

主料　红枣、羊肉各25克，糯米100克。

调料　姜末、盐、味精、葱花各适量。

做法

① 红枣洗净，去核；羊肉洗净，切片，用开水汆烫片刻，捞出；糯米洗净，浸泡2小时。

② 锅中倒入适量水，放入糯米大火煮开，下入羊肉、红枣、姜末，转中火熬煮至米粒开花，改小火熬至粥出香味，加盐、味精调味，撒入葱花即可。

营养小典：羊肉性温，味甘，具有补虚劳、祛寒冷、益肾气、开胃健力、助元阳、生精血等功效，还有健脑益智、增强记忆力的作用。

红枣羊肉糯米粥

主料　兔肉、马蹄、香菇各20克，粳米100克。

调料　猪油、精盐、味精、胡椒粉、葱姜末各适量。

做法

① 将兔肉洗净，切小块，入沸水中焯一下，捞出沥水。

② 马蹄去皮，洗净切粒；香菇洗净，切粒。

③ 将粳米淘洗干净，下入开水锅中，大火烧沸，加入兔肉、马蹄、香菇、精盐、猪油、葱姜末，煮成粥，食用时调入味精、胡椒粉即可。

营养小典：兔肉性凉，味甘，有补中益气、止渴健脾、滋阴凉血、解毒的功效。

兔肉粥

主料　熟鸡肉、香菇各25克，干贝10克，大米100克。

调料　盐、香菜段各适量。

做法

① 香菇泡发洗净，切片；干贝泡发，撕成细丝；大米淘净，浸泡30分钟；熟鸡肉撕成细丝。

② 大米放入锅中，加水烧沸，下入干贝、香菇，转中火熬煮至米粒开花，加入熟鸡肉，转小火煮至粥成，加盐调味，撒入香菜段即可。

做法支招：干贝应用温水浸泡胀发。

鸡肉香菇干贝粥

鸡肉枸杞萝卜粥

主料 白萝卜、鸡脯肉各30克,枸杞子10克,大米100克。

调料 盐、葱花各适量。

做法

1. 白萝卜洗净去皮,切块;枸杞子洗净;鸡脯肉洗净,切丝;大米淘净,泡好。

2. 大米放入锅中,倒入适量水,大火烧沸,下入白萝卜、枸杞子,转中火熬煮至米粒软散,加入鸡脯肉,小火将粥熬至浓稠,加盐调味,撒上葱花即可。

做法支招:鸡肉先用盐腌一下。

香菇鸡肉包菜粥

主料 大米100克,鸡脯肉、包菜、香菇各25克。

调料 料酒、盐、葱花各适量。

做法

1. 鸡脯肉洗净,切丝,用料酒腌渍20分钟;包菜洗净,浸泡30分钟,捞出沥干水分。

2. 锅中加适量清水,放入大米,大火烧沸,下入香菇、鸡脯肉、包菜,转中火将粥熬好,加盐调味,撒上少许葱花即可。

做法支招:包菜用手撕,可保持纤维不被破坏。

鸡肉红枣粥

主料 大米100克,红枣、鸡肉各25克。

调料 料酒、姜末、盐、葱花各适量。

做法

1. 鸡肉洗净,切丁,用料酒腌制20分钟;大米淘净,泡好;红枣洗净,去核。

2. 锅中加适量水,下入大米,大火烧沸,加鸡丁、红枣、姜末,转中火熬煮至粥成,加盐调味,撒上葱花即可。

做法支招:红枣可以先泡30分钟。

主料 鸡肉、木耳各20克，大米100克。

调料 盐适量。

做法

① 鸡肉洗净煮熟，切成细丝；木耳用清水泡发，择洗干净。

② 米煮成稀粥，加入鸡丝和木耳，继续煮20分钟，放入盐调匀即可。

做法支招：小火慢熬才能让鸡肉的营养充分溶解在粥里。

鸡肉木耳粥

主料 香菇20克，大米100克，鸡翅150克。

调料 葱花、盐、胡椒粉各适量。

做法

① 香菇切块；大米洗净后泡水1小时；鸡翅洗净。

② 将大米放入锅中，加入适量水，大火煮开，加入鸡翅、香菇同煮至粥呈浓稠状，调入盐、胡椒粉，撒上葱花即可。

做法支招：煲鸡翅的时间不可太长，以保持其细嫩、丝滑的口感。

香菇鸡翅粥

主料 大米100克，鸡腿肉30克。

调料 料酒、盐、胡椒粉、葱花各适量。

做法

① 大米淘净，浸泡30分钟；鸡腿肉洗干净，切成小块，用料酒腌渍片刻。

② 锅中加入适量水，下入大米，旺火煮沸，放入腌好的鸡腿，中火熬至米粒软散，改小火，待粥熬出香味时，加盐、胡椒粉调味，放入葱花即可。

做法支招：鸡腿肉可氽一下，味更佳。

家常鸡腿粥

鸡肝粥

主料 鸡肝50克，粳米100克。

调料 高汤、精盐、味精、葱姜末、胡椒粉、香油各适量。

做法

1. 将鸡肝洗净，切成碎丁；粳米淘洗干净，浸泡30分钟。

2. 锅内倒入高汤，放入粳米烧沸，小火熬成粥，再放入鸡肝、精盐、味精、胡椒粉、葱姜末、香油稍煮即成。

营养小典：鸡肝性微温、味甘，可补肝肾、治肝虚目暗、小儿疳积、妇人胎漏。

猪肉鸡肝粥

主料 大米100克，鸡肝、猪肉各25克。

调料 盐、味精、葱花、料酒各适量。

做法

1. 大米淘净，浸泡30分钟；鸡肝洗净，切片；猪肉洗净，剁成末，用料酒略腌渍。

2. 大米放入锅中，倒入适量水，煮至粥将成，放入鸡肝、肉末，转中火熬煮至粥成，调入盐、味精，撒上葱花即可。

做法支招：鸡肝先用水汆一下。

海参鸡心红枣粥

主料 水发海参、鸡心各30克，红枣20克，大米100克。

调料 葱花、姜末、盐、味精、胡椒粉各适量。

做法

1. 鸡心洗净，放入锅中煮熟，捞出切片；水发海参洗净；大米淘洗干净；红枣洗净，去核。

2. 锅中倒水，放入大米，大火煮沸，加入鸡心、红枣、姜末，转中火熬煮至鸡心熟透、米烂，加入水发海参，调入盐、味精、胡椒粉，撒葱花即可。

做法支招：鸡心内含污血，需漂洗干净后使用。

主料　鸡心、香菇各30克，大米100克。

调料　盐、葱花、姜丝、料酒、生抽各适量。

做法

① 香菇洗净，切片；鸡心洗净，切块，加料酒、生抽腌制10分钟；大米淘净。

② 大米放入锅中，加适量水，旺火烧沸，下入香菇、鸡心和姜丝，转中火熬煮至米粒开花，小火将粥熬好，加盐调味，撒葱花即可。

营养小典：鸡心有滋补心脏、镇静神经之功效。

鸡心香菇粥

主料　大米100克，熟鸡蛋黄2个，鸡肝30克。

调料　盐、鸡精、香菜末各适量。

做法

① 大米淘净，浸泡30分钟；鸡肝洗净，切片；熟鸡蛋黄捣碎。

② 大米放入锅中，倒入适量水，大火煮沸，转中火熬煮至米粒开花，加入鸡肝、熟鸡蛋黄，小火熬煮成粥，加盐、鸡精调味，撒香菜末即可。

做法支招：蛋黄不要捣得太碎。

蛋黄鸡蛋粥

主料　鸭脯肉50克，大米200克。

调料　葱花、盐、胡椒粉、香油、食用油各适量。

做法

① 大米淘洗干净，入锅加水煮粥。

② 鸭脯肉切丝，放入文火油锅内煎香，盛出。

③ 将煎熟的鸭丝倒入粥中，煮至粥稠米烂，调入盐、胡椒粉烧沸，淋入香油，撒葱花即可。

营养小典：适宜于虚劳热毒、咳嗽吐痰、水肿等。

鸭丝粥

鹅肉粥

主料 鹅脯肉50克，糯米100克，水发香菇25克，熟火腿肉15克。

调料 鹅肉汤、葱姜末、料酒、精盐、味精、香油、胡椒粉各适量。

做法

❶ 将鹅脯肉、水发香菇及熟火腿肉切粒。

❷ 将糯米淘洗干净，放入锅中，加入鹅肉汤，大火烧沸，改小火煮至米开花时，加入鹅脯肉、香菇、火腿、葱姜末、料酒、精盐、味精等，煮至米烂粥稠时，淋上香油，撒上胡椒粉即可。

营养小典：鹅肉性平，味甘，具有益气补虚、和胃止渴、暖胃生津、利五脏等功效。

鹌鹑粥

主料 鹌鹑200克，粳米100克，赤小豆、五花肉片各50克。

调料 肉汤、精盐、葱花、姜片、料酒、味精、香油、胡椒粉各适量。

做法

❶ 将鹌鹑宰杀，去毛和内脏，洗净，放入碗内，加葱花、姜片、料酒、精盐、五花肉片，上笼蒸至烂熟，去骨取肉，撕成丝。

❷ 将粳米、赤小豆均浸泡，淘洗干净，下入锅中，加入肉汤，上火烧沸，熬煮成粥，放入鹌鹑肉丝、香油、胡椒粉、味精，稍煮入味即可。

营养小典：此粥适宜于体虚贫血、消化不良、食欲不振、身倦乏力、腹泻、水肿、小儿疳积。

鹌鹑瘦肉粥

主料 鹌鹑200克，猪肉30克，大米100克。

调料 料酒、盐、味精、姜丝、胡椒粉、香油各适量。

做法

❶ 鹌鹑洗净，切块，放入沸水氽烫片刻，捞出；猪肉洗净，切小块；大米淘净。

❷ 锅中放入鹌鹑、大米、姜丝、猪肉块，倒入适量水，烹入料酒，中火焖煮至米粒开花，转小火熬煮成粥，加盐、味精、胡椒粉调味，淋入香油，撒入葱花即可。

营养小典：鹌鹑肉中含有丰富的卵磷脂和脑磷脂，是高级神经活动不可缺少的营养物质，具有健脑的作用。

主料 鸽肉、猪肉末各30克，粳米100克。

调料 葱姜末、料酒、精盐、味精、香油、胡椒粉各适量。

鸽肉粥

做法

① 将鸽肉洗净，放入碗内，加葱姜末、料酒、精盐拌匀，上笼蒸至熟透。

② 将粳米淘洗干净，下锅，加适量水，上火烧沸。

③ 鸽肉去骨，撕成丝，连同猪肉末一起加入锅内，共煮成粥，调入香油、味精、胡椒粉即可。

营养小典：鸽肉具有滋肾益气、祛风解毒、补气虚、益精血、暖腰膝、利小便等作用。

主料 草鱼肉100克，米粥200克。

调料 味精、生抽、姜丝、葱花、香菜末、胡椒粉、香油各适量。

草鱼粥

做法

① 净锅中倒入稀米粥，用文火煮至微沸。

② 将草鱼肉切成薄片，加入味精、生抽拌匀，倒入沸粥内，搅匀，烧至鱼片将熟时离火，加入姜丝、葱花、香菜末、胡椒粉，淋入香油，调匀即成。

营养小典：草鱼性温，味甘，有平肝、祛风、活痹、截疟之功效，还有暖胃功能，是温中补虚的养生食品，为淡水鱼中的上品。

主料 鲤鱼1条（约1000克），白菜60克，粳米100克。

调料 葱花、姜末、料酒、盐各适量。

鲤鱼白菜粥

做法

① 鲤鱼去鳞、鳃及内脏,洗净;白菜择洗干净,切丝。

② 锅置火上，加水烧开，放入鲤鱼，加葱花、姜末、料酒、盐煮至极烂，用汤筛过滤去刺，倒入淘洗干净的粳米和白菜丝，加适量清水，转小火慢慢煮至粳米开花、白菜熟烂即可。

做法支招：加入少量料酒还可以去除鱼腥味。

鲤鱼薏米粥

🐟 **主料** 鲤鱼肉50克，薏米、大米各50克，黑豆、赤小豆各10克。

🥄 **调料** 盐、葱花、香油、胡椒粉、料酒各适量。

🍵 **做法**

① 大米、黑豆、赤小豆、薏米均洗净，浸泡2小时；鲤鱼肉洗净，切小块，用料酒腌渍10分钟。

② 锅置火上，放入大米、黑豆、赤小豆、薏米，加适量清水煮至五成熟，放入鲤鱼肉煮至粥将成，加盐、香油、胡椒粉调味，撒葱花即可。

做法支招：最好去除鲤鱼脊上的两筋及黑血。

鲤鱼赤豆粥

🐟 **主料** 鲤鱼500克，赤小豆50克，粳米100克。

🥄 **调料** 葱花、姜末、胡椒粉、精盐、味精、食用油、黄酒各适量。

🍵 **做法**

① 将赤小豆浸泡4小时，淘洗净；鲤鱼去鳞、鳃及内脏洗净；粳米淘洗干净，浸泡30分钟。

② 锅置火上，倒油烧热，放入鲤鱼，加葱花、姜末、黄酒、胡椒粉、精盐和适量清水，旺火煮至鱼肉熟烂，用汤筛过滤去刺，放入粳米、赤小豆，改小火继续煮至米开花豆软烂时，加入味精调味即成。

营养小典：鲤鱼具有滋补健胃、利水利尿、消肿通乳、清热解毒、止嗽下气的功效。

鲫鱼玉米粥

🐟 **主料** 大米100克，鲫鱼肉50克，玉米粒20克。

🥄 **调料** 盐、味精、葱白丝、葱花、姜丝、料酒、香醋、麻油各适量。

🍵 **做法**

① 大米淘洗干净；鲫鱼肉切小片，倒入料酒拌匀腌渍10分钟；玉米粒洗净。

② 锅置火上，放入大米，加适量清水煮至五成熟，放入鲫鱼肉、玉米粒、姜丝煮至米粒开花，加盐、味精、麻油、香醋调匀，放入葱白丝、葱花即可。

做法支招：鲫鱼切薄片，更易入味。

主料 糯米100克，鲫鱼1条(约500克)，百合15克。

调料 盐、味精、料酒、姜丝、香油、葱花各适量。

做法

① 糯米洗净，浸泡1小时；鲫鱼去头、尾，治净后切片，用料酒腌渍10分钟；百合洗净。

② 锅置火上，放入大米，加适量水煮至五成熟，放入鱼肉、姜丝、百合煮至粥将成，加盐、味精、香油调匀，撒上葱花便成。

做法支招：以无腥臭味、鳞片完整的鲫鱼为佳。

鲫鱼百合糯米粥

主料 糯米100克，净鳜鱼肉、五花肉各30克，枸杞子5克。

调料 盐、味精、料酒、葱花、姜丝、香油各适量。

做法

① 糯米洗净，浸泡1小时；净鳜鱼肉切块，用料酒腌制10分钟；五花肉切小块。

② 锅置火上，注入清水，放入糯米煮至五成熟，放入鳜鱼、五花肉、枸杞子、姜丝煮至米粒开花，加盐、味精、香油调匀，撒葱花即可。

做法支招：鳜鱼以眼球微凸且黑白清晰的为好。

鳜鱼糯米粥

主料 净鲈鱼肉100克，大米150克，五花肉50克。

调料 精盐、味精、香油、葱姜末、胡椒粉各适量。

做法

① 将鲈鱼肉、五花肉洗净，分别切粒。

② 大米淘洗干净，浸泡30分钟。

③ 锅中加入适量清水，放入大米，置大火上烧沸，下入鱼肉、五花肉，小火煮至成粥，调入精盐、味精、胡椒粉、葱姜末稍煮，淋入香油即可。

营养小典：鲈鱼具有补肝肾、益脾胃、化痰止咳的功效，其所含烟酸具有促进消化系统健康，减轻胃肠障碍的作用。

鲈鱼粥

鲳鱼豆腐粥

主料 大米150克，鲳鱼1条（约250克），豆腐50克，芹菜叶少许。

调料 盐、葱花、姜丝、香油、料酒各适量。

做法

❶ 大米洗净，浸泡1小时；鲳鱼治净后切小块，用料酒腌渍10分钟；豆腐洗净切小块。

❷ 锅置火上，倒入适量上水，放入大米煮至五成熟，放入鱼肉、姜丝煮至米粒开花，加豆腐、盐、香油调匀，撒芹菜叶、葱花即可。

做法支招：以体背侧银白色、背部较暗、尾鳍叉形的鲳鱼为佳。

花生鱼粥

主料 鱼肉50克，花生、瘦肉各20克，大米100克。

调料 盐、香菜末、葱花、姜末、香油各适量。

做法

❶ 大米淘洗干净，浸泡30分钟；鱼肉切片，抹上盐略腌；瘦肉洗净切末；花生洗净。

❷ 锅置火上，倒入适量水，放入大米、花生煮至五成熟，放入鱼肉、瘦肉、姜末煮至粥将成，加盐、香油调匀，撒上香菜末、葱花即可。

做法支招：鱼肉切薄片，再用盐腌渍。

蔬菜鱼肉粥

主料 鱼肉、胡萝卜各30克，大米100克。

调料 海带清汤、酱油各适量。

做法

❶ 大米淘洗干净；鱼肉去刺，切碎；胡萝卜切碎。

❷ 锅中倒入海带清汤，放入大米，大火煮沸，转小火煮至八成熟，放入鱼肉、胡萝卜，煮至粥稠，放入酱油调味即可。

营养小典：鱼肉的脂肪含量一般比较低，大多数只有1%~4%，因此吃鱼既能补充营养，又可减肥轻身。

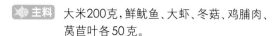

主料 大米200克,鲜鱿鱼、大虾、冬菇、鸡脯肉、莴苣叶各50克。

调料 盐、香油、味精、姜末各适量。

做法

① 鲜鱿鱼斜切成薄片;大虾洗净切段;鸡脯肉切成薄片;冬菇切条;四原料均入沸水锅氽水,捞出沥干。

② 莴苣叶洗净,切段,用沸水烫一下,捞出沥干。

③ 大米淘洗干净,下入锅中,加适量清水熬煮成粥,倒入姜末、熟鸡脯肉、鱿鱼片、虾段、冬菇、莴苣叶,调入盐、味精、香油,拌匀即可。

营养小典:适宜于身体无力、头晕目眩、记忆力减退、腰膝酸软等症。

鱿鱼粥

主料 大米100克,鱼肉松、菠菜各30克。

调料 盐适量。

做法

① 将大米淘洗干净,放入锅内,倒入清水,用大火煮开,转微火熬至黏稠。

② 将菠菜择洗干净,用开水烫一下,切成碎末,放入粥内,加入鱼肉松,加盐调味,用微火熬几分钟即可。

营养小典:鱼肉中所含蛋白质的氨基酸构成比与人体非常接近,各类营养素的吸收率比较高。

鱼肉松粥

主料 鲜湖蟹1只(约150克),大米150克。

调料 盐、味精、姜末、白醋、酱油、葱花各适量。

做法

① 大米淘洗干净;鲜湖蟹治净后蒸熟。

② 锅置火上,放入大米,加适量清水煮至八成熟,放入湖蟹、姜末煮至米粒开花,加盐、味精、酱油、白醋调匀,撒上葱花即可。

做法支招:螃蟹的鳃、沙包、内脏含有大量细菌和毒素,吃时一定要去掉。

美味蟹肉粥

蟹肉莲藕粥

主料 大米100克，母蟹2只（约300克），莲藕50克。

调料 葱花、姜片、精盐各适量。

做法

① 将大米洗净，浸泡30分钟；莲藕去皮洗净，切丝，泡在水中。

② 将蟹洗净，去壳、肠杂、脚，取出蟹黄，蟹身切块，入锅蒸熟。

③ 锅中倒入适量水，加入大米、姜片、莲藕，大火煮沸，改小火煮60分钟，放入蟹块、蟹黄，用少量精盐调味，撒葱花即可。

营养小典：适宜于阴虚体弱、失眠、盗汗、记忆力衰退等症。

肉蟹蔬菜粥

主料 大米150克，肉蟹1只（约250克），白菜30克。

调料 盐适量。

做法

① 肉蟹入锅煮熟，取肉；白菜切丝。

② 大米洗净，入锅煮成粥，加入蟹肉、白菜丝，煮至菜熟，加盐调味即可。

饮食宜忌：螃蟹性咸寒，又是食腐动物，所以吃时应蘸姜末醋汁来祛寒杀菌，不宜单食。

虾米粥

主料 虾米30克，粳米100克。

调料 精盐、味精各适量。

做法

① 虾米用温水浸泡30分钟，洗净。

② 粳米淘洗干净，浸泡30分钟。

③ 将粳米和虾米同入锅中，加适量水煮粥，食用前加入精盐、味精调味即可。

营养小典：适宜于儿童发育不良、不欲饮食、肢懒少动、腰酸腿软等症。

主料 大米100克，虾仁、干贝各25克。

调料 盐、香菜、葱花、酱油各适量。

做法

① 大米洗净；虾仁治净，用盐、酱油稍腌；干贝泡发后撕成细丝；香菜洗净，切段。

② 锅置火上，放入大米，加适量水煮至五成熟，放入虾仁、干贝，煮至米粒开花，加盐、酱油调匀，撒上葱花、香菜即可。

做法支招：要挑选坚实饱满的干贝。

虾仁干贝粥

主料 干贝25克，大米150克，鸡肉丁、去皮荸荠、水发香菇各50克。

调料 料酒、精盐、猪油、胡椒粉各适量。

做法

① 将干贝泡发洗净，放入碗内，加入料酒、鸡肉丁，上笼蒸熟；大米淘洗干净；水发香菇、去皮荸荠均洗净，切丁。

② 锅加入适量清水，放入大米、香菇丁、荸荠丁、干贝和鸡肉丁，大火烧沸，转小火煮至粥成，加精盐、猪油、胡椒粉调味，稍煮即可。

营养小典：干贝富含蛋白质、糖类、核黄素和钙、磷、铁等多种营养成分。

干贝粥

主料 粳米100克，蛤蜊肉50克。

调料 大蒜、食用油各适量。

做法

① 将粳米淘洗干净，加水煮粥。

② 大蒜切片，入油锅炒香，接着放蛤蜊肉，快炒出锅，下入快煮好的粥中，煮10分钟即可。

营养小典：适宜于消渴、水肿、痰积、癥块、崩漏、带下、痔疮、腹胀、解酒毒。

蛤蜊粥

瘦肉虾米冬笋粥

主料 大米100克，猪肉、虾米、冬笋各25克。

调料 盐、味精、葱花各适量。

做法

① 虾米洗净；猪肉洗净，切丝；冬笋去壳，洗净，切片；大米淘净，浸泡30分钟后捞出沥干水分。

② 锅中放入大米，加入适量清水，旺火煮开，改中火，下入猪肉、虾米、冬笋，煮至虾米变红，小火慢熬成粥，下入盐、味精调味，撒上葱花即可。

做法支招：冬笋煮后再放到冷水中浸泡可去苦涩味。

天下第一粥

主料 大米100克，牡蛎50克，猪肉馅25克，虾仁、橄榄菜各10克。

调料 香葱末、食用油、料酒、酱油、精盐、味精、胡椒粉各适量。

做法

① 大米淘洗干净，浸泡30分钟，捞出放入锅中，加适量水，大火煮沸，转小火煮至熟。

② 牡蛎洗净，沥干水。

③ 锅中倒油烧热，放入猪肉馅、料酒、酱油、精盐、味精、胡椒粉，煸炒至变色，和牡蛎一起倒入粥锅中，加入虾仁、橄榄菜，转中火煮开，撒入香葱末即可。

营养小典：常吃牡蛎可以提高机体免疫力。

海参小米粥

主料 水发海参50克，小米100克。

做法

① 小米淘洗干净，海参水发好。

② 锅中倒入适量水，放入小米，中火煮至八成熟，加入海参一起煮熟即可。

营养小典：海参性温，具有补肾益精、滋阴健阳、补血润燥、调经祛劳、养胎利产等阴阳双补功效。

主料 水发海参、卤鸡心各30克，红枣15克，大米100克。

调料 酱油、香油、葱花各适量。

做法

① 水发海参洗净，切段；红枣洗净；大米淘洗干净。

② 锅中倒适量水，放入大米，大火煮开，加入海参、红枣、卤鸡心，转中火煮至米烂粥稠，加酱油、香油调味，撒葱花即可。

做法支招：胀发好的海参应反复冲洗以除残留化学成分。

海参鸡心红枣粥

主料 大蒜30克，水发海参50克，大米100克。

做法

① 将大蒜去皮，洗净切片。

② 水发海参洗净，顺长切片。

③ 大米淘洗干净，放入锅内，加适量水，大火烧沸，加入海参片和蒜片，转小火煮45分钟即成。

饮食宜忌：儿童一般不宜多吃海参。

大蒜海参粥

主料 大米100克，水发海参30克，大枣、淡菜各15克。

做法

① 大枣洗净，去核；水发海参洗净；淡菜洗净；大米淘洗干净。

② 锅中倒入适量水，加入大米、大枣、海参、淡菜，大火烧沸，转小火煮45分钟即可。

做法支招：海参一般泡发到干海参的2倍左右长度，软硬程度适中，口感最好。

红枣海参淡菜粥

· 饭 ·

焖南瓜饭

主料 大米500克，南瓜300克。

调料 葱花、食用油各适量。

做法

① 大米淘洗干净，浸泡30分钟。

② 南瓜去皮、瓤，洗净切块。

③ 炒锅倒油烧至七成热，下葱花爆香，放南瓜块煸炒，加入大米和适量清水烧沸，煮至米粒开花、水快干时，盖上锅盖，小火焖熟即可。

营养小典：南瓜中的果胶可推迟食物排空，延缓肠道对糖类的吸收，从而控制血糖升高。

杂粮南瓜饭

主料 高粱米、糙米、紫米、糯米、红豆、花生米各50克，小南瓜1个。

做法

① 小南瓜洗净，在瓜蒂端开一小口，去子、洗净，制成瓜盅。

② 各种米洗净，混合拌匀装入瓜盅里，上笼蒸熟即成。

营养小典：杂粮南瓜饭含各种营养，有很好的食补作用。

五香糯米卷

主料 糯米150克，火腿50克，鸡蛋皮2张，青红椒粒30克。

调料 精盐、味精、白糖、猪油、香油各适量。

做法

① 糯米淘洗干净，浸泡30分钟，捞出下入蒸锅中，加入适量清水蒸熟成糯米饭；火腿切小粒。

② 糯米饭中加入火腿粒、青红椒粒，调入精盐、味精、白糖、猪油、香油拌匀，用鸡蛋皮包好，再上笼蒸5分钟，取出切段，摆在盘中即成。

营养小典：糯米性平，味甘，有补中益气、健脾养胃、益精强志、和五脏、通血脉、聪耳明日、止烦、止渴、止泻的作用。

清香荷叶饭

主料 大米200克，瘦肉、火腿、蟹肉、水发香菇各25克，鸡蛋1个(约60克)，鲜荷叶2张。

调料 精盐、味精、猪油、蚝油、食用油、胡椒粉各适量。

做法

❶ 大米淘洗干净，加猪油拌匀，加水，入锅蒸熟后取出放凉，加精盐、蚝油、味精、胡椒粉拌匀。

❷ 蟹肉、瘦肉、火腿、香菇均切粒；鸡蛋摊成蛋皮，切小片。

❸ 锅中倒油烧热，放入蟹肉、瘦肉、香菇、叉烧肉、火腿、蚝油、味精炒匀，与蛋皮一起放饭团上，包入荷叶中，放入蒸笼，大火蒸5分钟即可。

营养小典：此饭健脑强身，提高免疫力。

什锦果汁饭

主料 大米200克，牛奶250毫升，苹果丁50克，菠萝丁、火龙果丁、葡萄干、青梅丁、碎核桃仁各15克。

调料 糖、番茄酱、水淀粉各适量。

做法

❶ 将大米淘洗干净，放入锅内，加入牛奶和适量清水焖成软饭，加糖拌匀。

❷ 将番茄酱、苹果丁、菠萝丁、火龙果丁、葡萄干、青梅丁、碎核桃仁放入锅内，加入水和糖烧沸，用水淀粉勾芡，制成什锦沙司。

❸ 将米饭盛碗中，浇上什锦沙司即可。

做法支招：番茄酱可以用酸奶来代替。

补气养血饭

主料 大米200克，人参30克，大枣、栗子、红豆、黑豆各15克。

做法

❶ 大米淘洗干净，浸泡30分钟；人参泡软切块；大枣去核切丝；栗子切块。

❷ 将红豆、黑豆淘洗干净，浸泡6小时。

❸ 蒸锅中加入适量清水，放入大米、人参、大枣、栗子、红豆、黑豆焖饭即可。

营养小典：人参能使大脑皮层的兴奋增强，改善神经活动过程的灵活性，提高人的一般脑力和体力机能，有显著抗疲劳作用。

贝母蒸梨饭

主料 川贝母10克，水梨1个(约150克)，糯米100克。

做法

① 水梨洗净，切成两半，挖掉梨心和部分果肉，果肉切丁；糯米洗净，浸泡2小时。

② 川贝母洗净，和糯米、梨肉拌匀，倒入梨内，盛在容器里，移入蒸锅，隔水蒸30分钟即可。

做法支招：要蒸至梨肉变成透明，才可食用。

竹筒蒸饭

主料 大米100克，腊肉50克。

调料 香葱粒适量。

做法

① 腊肉洗净，切丁。

② 大米洗净，浸泡30分钟。

③ 将大米装入竹筒内，加水，盖上盖，入笼蒸30分钟，撒上腊肉丁，再继续蒸15分钟停火，稍闷，取出撒上香葱粒即可。

营养小典：腊肉的脂肪含量较高，高血脂、高血压等慢性疾病患者应少食。

牛肉饭

主料 牛肉100克，香米200克，菜心50克。

调料 姜丝、葱花、精盐、味精、食用油各适量。

做法

① 牛肉洗净切片，加精盐、味精、姜丝腌制入味。

② 菜心洗净，切去头尾，入沸水中焯熟，摆入大碗周边。

③ 香米淘洗干净，放入煲中，加入适量清水和少许食用油，煮至饭刚熟时转用微火，放入牛肉片焖熟烂，盛入大碗中，撒葱花即可。

营养小典：牛肉蛋白质含量特别高，达到20%左右，比猪肉、羊肉都要多，而脂肪含量低，所以味道鲜美，受人喜爱，享有"肉中骄子"的美称。

主料 大米300克，牡蛎100克。

调料 葱末、蒜蓉、香油、芝麻、胡椒粉、精盐各适量。

做法

❶ 牡蛎去壳取肉，用精盐水洗净，捞出沥水。

❷ 大米淘洗干净，入锅内蒸熟，加入牡蛎肉，继续蒸至牡蛎肉熟。

❸ 将牡蛎米饭盛入碗中，加葱末、蒜蓉、香油、芝麻、胡椒粉，拌匀即可。

营养小典：牡蛎肉质地细嫩柔脆，肥润腴滑。因其所含游离谷氨酸较多，且能引发其他呈鲜物质释放鲜味，故其鲜味高于鸡、鸭、鱼、肉。

牡蛎蒸米饭

主料 米饭200克，熟鸡腿肉100克，草菇50克，苦菊10克。

调料 鲜奶油、咖喱粉、精盐、胡椒粉各适量。

做法

❶ 熟鸡腿肉撕条；草菇洗净，切片煮熟；苦菊洗净。

❷ 鲜奶油、咖喱粉、精盐、胡椒粉拌匀，制成酱汁。

❸ 将酱汁、鸡肉条、草菇片、苦菊拌入米饭即可。

营养小典：咖喱的主要成分是姜黄粉、川花椒、八角、胡椒、桂皮、丁香和芫荽籽等含有辣味的香料，能促进唾液和胃液的分泌，增加胃肠蠕动，增进食欲。

咖喱鸡肉拌饭

主料 米饭200克，水发鱿鱼、芦笋各50克，水发木耳、虾仁各20克。

调料 高汤、葱花、酱油、白糖、食用油各适量。

做法

❶ 将水发鱿鱼、木耳均洗净，切丝；芦笋去皮切丝；虾仁洗净。

❷ 锅中倒油烧热，下入葱花、虾仁爆香，加入水发鱿鱼丝、芦笋丝、黑木耳丝，大火略炒，加高汤、酱油、白糖调味，煮滚，收汁，倒入米饭，拌匀即可。

饮食宜忌：鱿鱼是发物，患有湿疹、荨麻疹等疾病的人忌食。

鱿鱼丝拌饭

海鲜拌饭

主料 米饭200克，鸡蛋1个(约60克)、青菜末、虾仁、墨鱼、鱼肉各25克。

调料 葱花、食用油、精盐、淀粉、胡椒粉各适量。

做法

1. 鸡蛋滤出蛋清打散；鱼肉洗净切片；墨鱼、虾仁均洗净切丁。

2. 墨鱼、虾仁加胡椒粉、精盐、淀粉、蛋清拌匀，入锅汆烫后捞出。

3. 锅内倒油烧热，下葱花爆香，加入鱼肉、墨鱼、虾仁、青菜末与调料炒匀，盛出盖在米饭上即成。

饮食宜忌：吃海鲜不宜喝啤酒。

什锦炒饭

主料 米饭250克，火腿、虾仁各50克，鸡蛋1个(约60克)，熟青豆、熟玉米粒各20克。

调料 香葱末、精盐、鸡精、食用油各适量。

做法

1. 将火腿切丁；虾仁洗净，改刀切段。

2. 鸡蛋打入碗中搅散，倒入热油锅中炒熟，盛出。

3. 锅中倒油烧热，下入香葱末爆锅，放入米饭、火腿粒、虾仁炒香，放入熟青豆、熟玉米粒、鸡蛋，调入精盐、鸡精，炒匀装盘即可。

饮食宜忌：青豆须煮至熟透再食用，吃未熟透的青豆容易中毒。

扬州炒饭

主料 米饭200克，火腿30克，鸡蛋1个(约60克)，青豆、黄瓜、虾仁各15克。

调料 食用油、味精、葱花、精盐各适量。

做法

1. 将鸡蛋打入碗中，搅散，倒入热油锅中炒熟，盛出。

2. 火腿、黄瓜、虾仁切成小丁。

3. 炒锅倒油烧热，放入葱花、火腿、青豆、虾仁炒匀，加入米饭、鸡蛋、黄瓜、味精、精盐，翻炒均匀即成。

做法支招：炒米饭时在锅中洒少许白酒，炒出来的饭粒粒松散，既松软又好吃。

主料 糯米300克，白糖100克，赤小豆、大枣、桂圆各25克。

调料 猪油适量。

做法

❶ 糯米淘洗干净，浸泡30分钟；赤小豆淘洗干净，浸泡2小时；大枣洗净；桂圆取肉。

❷ 炒锅上火，加猪油烧热，倒入糯米翻炒，加入赤小豆、大枣、桂圆肉、白糖、适量水煮沸，再翻炒至水干，用筷子在饭上戳几个洞，小火焖熟即可。

营养小典：糯米有收涩作用，对尿频、盗汗有较好的食疗效果。

生炒糯米饭

主料 米饭200克，土豆、黄瓜、胡萝卜、木耳、鸡肉各25克。

调料 食用油、葱花、料酒、盐、味精各适量。

做法

❶ 将土豆、黄瓜、胡萝卜切成丁；木耳用水泡发，洗净切碎。

❷ 锅中倒油烧热，放入鸡丁煸炒片刻，加入土豆、木耳和适量水，焖至鸡丁、土豆熟，盛出。

❸ 另锅倒油烧热，放入米饭、葱花煸炒片刻，加入黄瓜、胡萝卜、土豆、木耳、鸡丁炒匀，调入料酒、盐、味精，煸炒至入味即可。

饮食宜忌：无论是糖尿病患者，还是高血脂症、高血压患者，都不应当吃过多的精白米作为主食。

香香炒米饭

主料 米饭300克，香菜、瘦猪肉丝各50克，鸡蛋2个(约120克)。

调料 食用油、精盐、水淀粉各适量。

做法

❶ 瘦猪肉丝加精盐、水淀粉、蛋清抓匀上浆；剩余鸡蛋加少许精盐搅匀；香菜择洗干净，切碎。

❷ 炒锅倒油烧至六成热，下入肉丝滑散，盛出。

❸ 锅内留底油烧热，放肉丝、蛋液、香菜翻炒，倒入米饭，拌炒均匀即成。

营养小典：香菜具有芳香健胃、祛风解毒之功，能解表治感冒，有利大肠、利尿等功能，可促进血液循环。

香菜蛋炒饭

鸡丝蛋炒饭

主料 米饭250克，鸡蛋100克，虾仁、鸡肉各50克。

调料 葱花、精盐、味精、白糖、淀粉、料酒、食用油各适量。

做法

① 鸡蛋打入碗中搅散，入油锅摊成蛋皮，切丝。

② 鸡肉洗净，切细丝，用淀粉、精盐、白糖拌匀。

③ 锅内倒油烧热，放鸡肉丝、虾仁和料酒炒熟，加入米饭、葱花、味精、精盐，翻炒至熟，撒入蛋丝炒匀即可。

营养小典：鸡蛋中含有大量的维生素和矿物质及有高生物价值的蛋白质。

五彩果醋蛋饭

主料 米饭300克，莴笋、青豆、圣女果各50克，鸡蛋1个(约60克)。

调料 香菜段、冰糖、果醋、食用油、精盐各适量。

做法

① 将鸡蛋打散，与冰糖、果醋、精盐制成果醋汁。

② 莴笋去皮，洗净切片，烫熟；圣女果洗净，切块。青豆洗净，煮熟。

③ 净锅倒油烧热，加米饭、果醋汁翻炒几下，下莴笋片、青豆、圣女果翻炒均匀，出锅撒入香菜段即可。

营养小典：莴笋含有较多的烟酸。烟酸是胰岛素的激活剂，能有效地调节血糖。糖尿病患者经常食用莴笋，可改善糖代谢。

蛋炒饭

主料 米饭200克，鸡蛋2个(约120克)。

调料 精盐、味精、食用油、葱花各适量。

做法

① 将鸡蛋打入碗内，搅匀。

② 炒锅倒油烧热，倒入鸡蛋液炒成鸡蛋块，倒入米饭，用铲子将米饭捣散翻炒，炒至米饭散开成粒状，有少许蒸气冒出时，放入葱花、精盐、味精，充分翻炒均匀即可。

营养小典：就鸡蛋营养的吸收和消化率来讲，煮、蒸蛋为100%，嫩炸为98%，炒蛋为97%，荷包蛋为92.5%，老炸为81.1%。

主料　米饭300克，熟咸鸭蛋黄2个，肉松20克。

调料　葱末、香菜末、食用油、精盐各适量。

做法

① 咸鸭蛋黄压碎。

② 锅内倒油烧热，下葱末爆香，放入咸蛋黄翻炒，再加入米饭，调入少许精盐炒匀，盛入盘中，撒上香菜末及肉松即可。

营养小典：鸭蛋有大补虚劳、滋阴养血、润肺美肤的功效。

咸蛋黄炒饭

主料　腊肉、腊肠各50克，米饭300克，鸡蛋黄2个。

调料　精盐、食用油、葱花各适量。

做法

① 腊肉、腊肠切丁，入锅炒至吐油出香，盛起。

② 米饭用勺子翻松，蛋黄打散。

③ 锅内倒油烧热，倒入蛋黄液、米饭翻炒，使蛋液均匀地包裹在饭粒上，再下入腊肉、腊肠炒至米饭呈金黄色，调入精盐，撒葱花炒匀即可。

做法支招：购买腊肉时要选外表干爽、无异味，肉色鲜明的；如果瘦肉部分呈黑色，肥肉呈深黄色，表示已经超过保质期，不宜购买。

腊香黄金饭

主料　米饭300克，瑶柱丝、火腿、鸡蛋黄、虾仁各30克。

调料　葱花、酱油、食用油各适量。

做法

① 火腿切片；蛋黄磕入碗中搅匀。

② 锅中倒油烧热，下入米饭不断翻炒，加入火腿片、鸡蛋黄、虾仁、葱花炒匀，加入酱油调味，撒上瑶柱丝即可。

饮食宜忌：鸡蛋黄中的胆固醇和脂肪均在肝脏中代谢，使肝脏的负担加重。因此，肝、胆病患者应视病情控制鸡蛋摄入量。

海陆炒饭

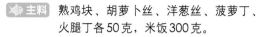

菠萝鸡饭

主料 熟鸡块、胡萝卜丝、洋葱丝、菠萝丁、火腿丁各50克，米饭300克。

调料 炸大葱、胡椒粉、姜黄粉、食用油、精盐、味精各适量。

做法

① 锅中倒油烧热，倒入米饭、炸大葱、姜黄粉、菠萝丁、火腿丁炒匀，盛碗中。

② 另锅倒油烧热，放洋葱丝略炒，加精盐、味精、胡椒粉、胡萝卜丝、熟鸡块炒匀，盖在米饭碗中即可。

营养小典：菠萝蛋白酶能有效分解食物中蛋白质，增加肠胃蠕动。

培根木耳蛋炒饭

主料 米饭300克，培根100克，木耳50克，鸡蛋1个(约60克)。

调料 酱油、食用油各适量。

做法

① 木耳泡发洗净，去蒂切丝；培根切丝；鸡蛋打入碗中，搅散。

② 锅中倒油烧热，倒入蛋液炒成蛋块。

③ 锅留底油烧热，放入培根爆炒片刻，加入木耳丝翻炒均匀，加入酱油调味，放入米饭、鸡蛋块，炒匀即成。

营养小典：培根是腊肉的一种。是将猪腹肉涂抹香料及海盐在经自然风干后所制成，均匀分布的油脂滑而不腻，咸度适中，风味十足。

虾仁炒饭

主料 米饭200克，虾仁50克，鸡蛋1个(约60克)，黄瓜30克。

调料 食用油、味精、葱末、精盐、胡椒粉各适量。

做法

① 将鸡蛋打入碗内，搅散；黄瓜洗净切丁；虾仁洗净。

② 炒锅倒油烧热，倒入鸡蛋液炒成鸡蛋块。

③ 锅留底油烧热，下葱末爆香，加入米饭、鸡蛋、黄瓜丁、虾仁、精盐、胡椒粉、味精，翻炒均匀即成。

营养小典：虾中含有丰富的镁，镁对心脏活动具有重要的调节作用，能很好地保护心血管系统。

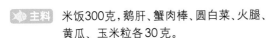

主料 米饭300克，鹅肝、蟹肉棒、圆白菜、火腿、黄瓜、玉米粒各30克。

调料 酱油、精盐、食用油各适量。

做法

① 鹅肝、圆白菜、黄瓜、火腿均切丁；蟹肉棒切块；玉米粒入锅煮至八成熟，捞出沥干。

② 锅中倒油烧热，下入米饭炒至发干，加入鹅肝、菜丁、火腿丁、玉米粒、蟹肉一起炒匀，加入酱油，盐调味即可。

营养小典：鹅肝含糖类、蛋白质、脂肪、胆固醇和铁、锌、铜、钾、磷、钠等矿物质，有补血养目之功效。

鹅肝海鲜炒饭

主料 米饭300克，猪肉、小白菜、冬笋各50克。

调料 葱花、精盐、味精、酱油、淀粉、肉汤、食用油各适量。

做法

① 猪肉洗净切片；冬笋煮熟切片；小白菜洗净沥水，切段。

② 炒锅上火，倒油烧热，下葱花爆香，放入猪肉片、熟冬笋片、小白菜段、酱油、精盐、味精翻炒，倒入适量肉汤烧沸，勾芡，浇在米饭即可。

营养小典：冬笋性温，味甘，利九窍，通血脉，治吐血衄血及产后心腹痛、一切血症。

盖浇饭

主料 五花肉100克，米饭300克，生菜叶、萝卜丁各30克。

调料 食用油、葱姜丝、精盐、白糖、料酒、酱油各适量。

做法

① 五花肉洗净，切块；生菜叶洗净，切碎。

② 炒锅倒油烧热，下葱姜丝爆香，放入肉块煸炒，加料酒、酱油、水、精盐、白糖焖烧至熟，加入萝卜丁，翻炒收汁，盛出浇在米饭上，撒入生菜叶即可。

营养小典：五花肉在猪的前腿与后腿中间、外脊下方与奶脯上方的部位。靠前腿部分称硬五花，肥多瘦少；靠后腿无肋骨部分称软五花，质较松软。

红烧肉盖饭

排骨盖饭

主料 米饭、排骨各300克。

调料 酱油、精盐、料酒、葱段、姜片、大料、淀粉、食用油各适量。

做法

1. 排骨洗净，控干水，剁成段，加酱油、淀粉拌匀，入热油中炸至金黄色，捞出沥油。

2. 炸排骨块入锅中，加水、酱油、料酒、精盐、大料、葱段、姜片调味，大火烧沸，转小火焖至排骨酥烂，盛在米饭上即可。

营养小典：猪排骨除含蛋白质、脂肪、维生素外，还含有大量磷酸钙、骨胶原、骨黏蛋白等，可为幼儿和老人提供钙质。

家常盖浇饭

主料 黄瓜、四季豆各25克，香肠50克，鸡蛋1个(约60克)，米饭300克。

调料 精盐、味精、食用油、水淀粉各适量。

做法

1. 黄瓜去皮去瓤，洗净切丁；四季豆择去两头，洗净切丁；香肠切丁。

2. 鸡蛋打入碗中，搅散，加少许精盐和水，隔水蒸熟，用小刀划成小块。

3. 起油锅，放入四季豆炒熟，倒入黄瓜丁、香肠丁翻炒片刻，加入鸡蛋块翻炒，下精盐、味精调味，用水淀粉薄芡，浇在米饭上即可。

做法支招：四季豆食用前应加以处理，可用沸水焯透或用热油煸炒，直到变色熟透方可食用。

咖喱牛肉饭

主料 米饭300克，牛肉100克，土豆、胡萝卜、洋葱各50克。

调料 蒜末、咖喱粉、黑胡椒、生抽、精盐、食用油各适量。

做法

1. 牛肉洗净煮熟，捞出切块，加蒜末、精盐、咖喱粉、生抽及少量黑胡椒拌匀。

2. 土豆、胡萝卜、洋葱去皮洗净，切块，入油锅内翻炒，放入牛肉，加入煮牛肉的水烧沸，再加咖喱粉煮开，收汁盖在米饭上即可。

营养小典：牛肉中含有丰富的矿物质和维生素，尤其是含有充足的锌和铁。

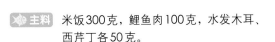

主料 米饭300克，鲤鱼肉100克，水发木耳、西芹丁各50克。

调料 料酒、姜末、番茄酱、精盐、味精、食用油各适量。

做法

① 鲤鱼肉切片，加精盐、料酒、姜末拌匀，腌20分钟；木耳洗净，撕成小片。

② 锅置火上，倒油烧热，下入鱼片炒熟，盛出。

③ 原锅留底油烧热，放入木耳、西芹丁翻炒几下，加番茄酱和少许水，烧沸后放入鱼片、味精翻炒均匀，浇在米饭上即可。

营养小典：鲤鱼的脂肪多为不饱和脂肪酸，能很好地降低胆固醇，可以预防动脉硬化、冠心病。

主料 大米300克，牛奶50毫升，浅蜊100克，胡萝卜、水发木耳各20克，三叶芹少许。

调料 糖、盐各适量。

做法

① 将大米淘洗干净；木耳、胡萝卜均切丝。

② 在浅蜊的汤汁中加入牛奶和水。

③ 把以上处理好的主料都放入电饭煲中，加入盐、糖拌匀，按闸煮饭，煮好后盛到饭碗中，撒上三叶芹点缀即可。

营养小典：浅蜊俗称大壳仔，是一种生存于浅海的贝类，肉质鲜美，补肾益气。

主料 红薯、鳕鱼肉各50克，大米200克，油菜20克。

做法

① 红薯去皮，切块，用保鲜膜包起来，放入微波炉中，加热约1分钟。

② 油菜洗净，切碎；鳕鱼肉洗净；大米淘洗干净。

③ 电饭锅中放入大米，加入清水、红薯、鳕鱼肉以及油菜，一起煮熟即可。

营养小典：红薯含有大量黏液蛋白，能够防止肝脏和肾脏结缔组织萎缩，提高机体免疫力，预防胶原病发生。

松子银鱼拌饭

🍲 **主料** 米饭200克，松仁、银鱼各30克，黄瓜、洋葱各20克。

🥄 **调料** 鸡精、盐、食用油各适量。

🍜 **做法**

① 洋葱洗净，切末；黄瓜洗净，切丁；松仁入热油锅略炸后捞出；银鱼入热油锅炸至酥脆后，捞出沥油。

② 洋葱末、黄瓜丁倒入油锅中炒香，放入白米饭、盐、鸡精一起小火炒匀，再放入松仁和银鱼，翻炒均匀即可。

做法支招：银鱼可用铲子铲碎。

泰皇炒饭

🍲 **主料** 米饭300克，净虾仁、蟹柳、芥蓝、洋葱、青椒各30克，鸡蛋1个(约60克)。

🥄 **调料** 植物油、泰皇酱各适量。

🍜 **做法**

① 青椒去蒂，去子，洗净切丁；洋葱洗净切丁；芥蓝洗净切碎；虾仁、蟹柳均切碎。

② 炒锅倒油烧热，放入鸡蛋液炒成蛋花，加入青椒、洋葱、蟹柳、芥蓝、虾仁炒熟，倒入米饭炒香，加入泰皇酱炒匀即可。

做法支招：泰皇酱由花生油、辣椒油、干葱碎、红椒碎、蒜茸、虾米茸、糖、鸡精、生抽、花生碎、花生酱等炒制而成，可以在超市购买到。如果买不到泰皇酱，用辣椒酱加花生酱炒制代替也可以。

鲑鱼海苔盖饭

🍲 **主料** 米饭300克，鲑鱼100克，海苔25克。

🥄 **调料** 盐、食用油各适量。

🍜 **做法**

① 鲑鱼洗净沥干，放入热油锅中以小火煎熟，取出压碎。

② 海苔撕碎，放入小碗中，加入鲑鱼肉、盐混合均匀。

③ 米饭加热，盖上做好的海苔鲑鱼即可。

营养小典：鲑鱼含有一种叫虾青素的物质，是一种强力的抗氧化剂，其所含的ω-3脂肪酸更是脑部、视网膜及神经系统必不可少的物质，有增强脑功能、防止老年痴呆和预防视力减退的功效。

花样面点

PART 2

—·面·—

长寿面

🐟 **主料** 鸡蛋面200克，鸡蛋1个（约60克），香菇、鲜笋各30克，虾仁50克。

🥄 **调料** 葱姜末、精盐、味精、香油、食用油各适量。

🍲 **做法**

① 鸡蛋打入沸水锅中煮成荷包蛋；香菇、鲜笋洗净切丝；虾仁洗净切段。

② 锅中倒油烧热，放入葱姜末爆香，加适量水烧沸，下入面条煮熟，加入香菇丝、笋丝、虾仁略煮，加精盐、味精、香油调味，起锅盛入碗中，将荷包蛋放在面条上即成。

营养小典：竹笋性微寒，味甘，具有利水益气、清肺化痰等功效，对肾炎、心脏病、肝脏病等症具有一定的治疗效果。

番茄鸡蛋面

🐟 **主料** 宽面条200克，鸡蛋1个（约60克），番茄75克。

🥄 **调料** 葱花、精盐、味精、白糖、胡椒粉、香油、鲜汤、食用油各适量。

🍲 **做法**

① 番茄洗净，入沸水中略烫，捞出去皮，切瓣。

② 鸡蛋打入小碗中，搅匀。

③ 锅中倒油烧热，下葱花炝锅，加入鲜汤和精盐，待汤沸时下入面条煮熟，淋入蛋液，下入番茄、味精、白糖、胡椒粉，撒上葱花，淋香油，出锅即成。

营养小典：经常食用番茄及番茄制品的人，受辐射损伤较轻。

番茄鸡蛋什锦面

主料 鸡蛋1个(约60克),宽面条200克,番茄、干黄花菜各30克。

调料 食用油、葱丝、盐各适量。

做法

1. 干黄花菜用温水泡软,洗净切段;番茄洗净切块;鸡蛋磕入碗中打散。

2. 锅中倒油烧热,放葱丝煸香,依次放入黄花菜、番茄煸炒片刻,加入清水,水沸后放入面条,快熟时淋上打散的鸡蛋液,加盐调味即可。

营养小典:黄花菜性味甘凉,有止血、消炎、清热、利湿、消食、明目、安神等功效。

胡萝卜面

主料 面粉300克,胡萝卜100克,西蓝花30克。

调料 精盐、味精、胡椒粉、清汤各适量。

做法

1. 胡萝卜洗净切片,入沸水中烫至变软,留少许待用,其余捣成蓉,挤出胡萝卜汁(或放入榨汁机中,加水打成胡萝卜汁),加适量清水搅匀,倒入面粉中和成面团,用擀面杖擀成薄面片,切成面条;西蓝花洗净切块,焯熟。

2. 锅上火,加清汤、精盐、味精、胡椒粉烧沸,下入胡萝卜汁面,煮熟,加入西蓝花、胡萝卜片,捞出装碗即可。

营养小典:胡萝卜含有胡萝卜素、B族维生素、维生素C等,被称为"小人参"。

南瓜面条

主料 南瓜100克,细面条250克。

调料 葱花、精盐、香菜段、高汤、食用油各适量。

做法

1. 南瓜洗净,去皮、去瓤,切块蒸熟,制成南瓜泥。

2. 锅中倒油烧热,放入葱花爆香,加入南瓜泥翻炒片刻,倒入高汤烧沸,放入面条,调入精盐煮5分钟,出锅撒香菜段即可。

营养小典:南瓜补中益气,化痰排脓。

主料 冬瓜、熟肉末各50克，面条250克。

调料 高汤、香油各适量。

做法

① 冬瓜洗净，去皮切块，放入沸水锅煮熟，切成小块。

② 锅中倒入高汤，放入面条煮至熟烂，加入熟肉末、冬瓜块拌匀，淋入香油即可。

营养小典：冬瓜具有消暑解热、利尿消肿的功效。

冬瓜肉末面条

主料 宽面条300克，红烧肉50克，木耳、香菇、菜心各30克。

调料 精盐、味精、白糖、酱油、料酒、鲜汤、葱段、姜片、食用油各适量。

做法

① 木耳、香菇用温水泡发洗净，撕成片；红烧肉切块；宽面条煮熟，捞入碗中。

② 炒锅上火，倒油烧热，放红烧肉、葱段、姜片爆香，加入酱油、料酒、精盐、味精、白糖、鲜汤，下入木耳、香菇，旺火煮沸，再下入菜心稍煮离火，倒入面碗中即可。

做法支招：肉豆蔻、丁香、花椒、草果、香叶等都是做红烧肉的好配料，但不宜多放，以免抢了肉味。

红烧肉面

主料 拉面200克，水发香菇、酱肉各30克，红辣椒、青菜各20克。

调料 精盐、味精、料酒、酱油、白糖、葱姜末、鲜汤、食用油各适量。

做法

① 香菇、红辣椒洗净，切小丁；青菜洗净切段；酱肉切小丁；拉面煮熟，捞入碗中。

② 炒锅上火，加食用油烧热，下葱姜末炝锅，放香菇、酱肉、红辣椒丁煸炒片刻，调入精盐、味精、白糖，烹入料酒、酱油，注入鲜汤，待汤沸时下入青菜稍煮，离火，倒入面碗中即成。

营养小典：香菇具有降低胆固醇、降血压、增强机体免疫力、抗癌、补血等功效。

香菇酱肉面

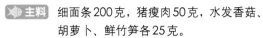

什锦肉丝面

主料 细面条200克，猪瘦肉50克，水发香菇、胡萝卜、鲜竹笋各25克。

调料 葱姜丝、精盐、酱油、料酒、味精、白糖、香油、鲜汤、食用油各适量。

做法

① 将猪瘦肉洗净，切丝；香菇切丝；胡萝卜切片；鲜竹笋切块；面条下入沸水中煮熟，捞入碗中。

② 炒锅上火，倒油烧热，放入肉丝、葱姜丝爆香，再下香菇和精盐、酱油、料酒煸炒，加入鲜汤，待汤沸时放入胡萝卜片、鲜竹笋块，调入味精、白糖，离火，倒入面条碗中，淋香油即可。

营养小典：胡萝卜富含维生素，可刺激皮肤的新陈代谢，增进血液循环，对美容健肤有独到的作用。

打卤面

主料 细面条300克，猪肉75克，卷心菜、绿豆芽各30克。

调料 精盐、醋、香油、酱油、食用油各适量。

做法

① 卷心菜洗净切丝，同绿豆芽一起焯水，捞出，过凉沥水。

② 猪肉洗净切丁，倒入热油锅炒熟，加精盐、醋、香油、酱油调味，制成肉丁卤。

③ 面条入锅煮熟，过凉后捞入碗中，浇上肉丁卤，放上卷心菜丝、绿豆芽即可。

营养小典：卷心菜含有的热量和脂肪很低，但是维生素、膳食纤维和微量元素的含量却很高，是一种很棒的减肥食物。

西蓝花卤面

主料 荞麦挂面300克，大虾、西蓝花各50克。

调料 鲜鸡汤、葱姜汁、精盐、胡椒粉、鸡精、淀粉、香油各适量。

做法

① 将西蓝花洗净，掰成小朵；大虾洗净。

② 锅内加水烧沸，下入荞麦挂面，中火煮熟，捞出，投凉，捞入碗内。

③ 锅中倒入鲜鸡汤、葱姜汁，加入精盐、大虾、西蓝花烧沸，加入胡椒粉、味精搅匀，用淀粉勾芡，淋入香油，出锅浇在煮熟的面条上即成。

营养小典：西蓝花中含有丰富的铬元素，铬能有效地调节血糖，降低糖尿病患者对胰岛素的需要量，有助于辅助治疗糖尿病。

主料 面条300克，肉末150克。

调料 香菜末、酱油、料酒、醋、精盐、葱花、姜末、蒜蓉、味精、食用油各适量。

家常肉末卤面

做法

① 炒锅倒油烧热，下葱花、姜末爆香，放肉末煸炒，烹入醋、酱油、料酒和少许水烧沸，加入精盐、味精、蒜蓉，调匀成卤汁。

② 锅内加入清水烧沸，下入面条煮熟，捞入大汤碗内，倒入卤汁，撒入香菜末拌匀即成。

营养小典：补中益气，开胃消食，强身健体。

主料 猪肝50克，菠菜30克，面条250克。

调料 精盐、鸡精、料酒、胡椒粉、高汤、葱花各适量。

猪肝面

做法

① 猪肝洗净，切成薄片，拌入精盐、料酒腌片刻；菠菜择洗干净，切段。

② 锅内加水烧沸，下入面条煮熟，捞入碗内。

③ 锅中倒入高汤烧沸，加精盐、鸡精调味，改用小火，放入猪肝及菠菜煮开后关火，撒上葱花，倒入面碗内，撒胡椒粉，拌匀即可。

营养小典：肝是补血食品中最常用的食物，其营养含量是猪肉的10多倍，食用猪肝可调节和改善贫血患者造血系统的生理功能。

主料 面条250克，猪肚100克，榨菜30克。

调料 精盐、味精、生抽、胡椒粉、香油、高汤、食用油、葱花各适量。

榨菜肚丝面

做法

① 猪肚洗净，切丝；榨菜切丝，放入清水中浸泡20分钟，除去咸味。

② 锅内倒油烧热，下入肚丝、榨菜丝稍炒，调入精盐、味精、胡椒粉，烹入生抽，炒熟盛出。

③ 净锅中倒入高汤烧沸，下入面条煮熟，将面条与汤一同倒入碗内，加入炒好的榨菜肚丝，淋入香油，撒上葱花即可。

营养小典：猪肚含有丰富的蛋白质、脂肪、钙、磷、铁、维生素等营养成分。

酱排骨面

主料 拉面300克，酱排骨100克，青菜50克。

调料 葱姜丝、酱油、精盐、味精、胡椒粉、鲜汤、食用油各适量。

做法

① 汤锅上火，加入清水，大火烧沸，下入拉面煮8分钟至熟，捞入装碗中。

② 炒锅置火上，倒油烧热，下葱姜丝炝锅，加入鲜汤、酱排骨、酱油、精盐、味精、胡椒粉，旺火烧至汤沸，下入青菜略煮，倒入面碗中即可。

营养小典：猪排骨可提供人体必需的优质蛋白质且含有丰富的钙质，可促进发育、强健身体，促进骨骼生长。

三丁面

主料 猪瘦肉末50克，笋片、豆腐干、黄瓜各20克，面条250克。

调料 葱花、料酒、米醋、甜面酱、食用油各适量。

做法

① 笋片用开水氽一下，切丁；黄瓜洗净切丁；豆腐干切丁。

② 锅内倒油烧热，炒散猪瘦肉末，再加入葱花、豆腐干丁、笋丁和黄瓜丁炒匀盛出。

③ 锅内加油烧热，倒入甜面酱爆香，加入料酒、米醋炒匀，倒入炒好的丁料，炒匀成炸酱。

④ 锅内加水烧沸，放入面条煮熟，放入凉开水中浸凉，盛碗内，加炸酱拌匀即成。

营养小典：此面增强体力，补钙壮骨。

洋葱羊肉面

主料 宽面条300克，羊肉100克，洋葱50克。

调料 料酒、醋、白糖、精盐、味精、葱花、胡椒粉、水淀粉、鲜汤、植物油各适量。

做法

① 羊肉切片，加料酒、精盐、胡椒粉、水淀粉拌匀腌制10分钟；洋葱去老皮，洗净切丝。

② 汤锅内加清水烧沸，下入宽面条煮8分钟至熟，捞入碗中。

③ 炒锅倒油烧热，放入羊肉片煸炒至七成熟，下入洋葱略炒，烹入料酒，加入鲜汤，用醋、白糖、精盐、味精调味，待汤沸时离火，倒入面碗中，撒入葱花即可。

营养小典：此面开胃健脾，健脑益智。

主料 鸡蛋面300克，羊肉75克，香菇、蒜苗各20克。

调料 精盐、味精、香油、辣椒油、甜面酱、香菜末、葱姜末、食用油各适量。

做法

① 鸡蛋面入锅煮熟，捞入碗中；羊肉洗净，煮熟，捞出切丁；香菇泡发洗净，切丁；蒜苗洗净，切末。

② 锅中倒油烧热，下入葱姜末炝锅，加羊肉丁、香菇丁、蒜苗末稍炒，放入精盐、味精、香油、辣椒油、甜面酱和适量水炒成羊肉料汁，浇在面条上，撒香菜末即成。

营养小典：温中补虚，益肾壮阳。

羊肉面

主料 面粉、淀粉各150克，鲤鱼肉100克，肉丝、青菜心各50克，虾米10克。

调料 精盐、酱油、鲜汤、葱姜水、姜末、香油各适量。

做法

① 鲤鱼肉加葱姜水打成蓉，加淀粉、面粉、精盐拌匀，和成面团，擀成薄片，入笼蒸3分钟，取出凉凉，刷上香油，切成细面条。

② 锅中倒油烧热，放入肉丝，加姜末、酱油炒熟。

③ 另锅倒入鲜汤烧沸，放入鱼面煮熟，加入虾米、青菜心稍煮，盛碗中，放上炒好的肉丝即成。

营养小典：鲤鱼能供给人体必需的氨基酸、矿物质和维生素，能补充人体必需的营养，增强免疫能力。

三鲜鱼面

主料 番茄、鲜鱼片各75克，鸡蛋面250克。

调料 料酒、食用油、葱花、盐、味精各适量。

做法

① 番茄切块，入热油锅炒熟，加入盐、味精调味，盛出；鲜鱼片用料酒抓匀腌拌15分钟。

② 锅中倒入水烧沸，放入鲜鱼片、面条煮熟，装入碗中，倒入番茄块拌匀，撒葱花即可。

做法支招：鱼肉可根据自己喜好选择，最好不要选择刺多的草鱼。

番茄鱼片面

虾皮手擀面

主料 手擀面200克，虾皮、油菜心各20克。

调料 香菜末、食用油、葱姜末、精盐、味精、料酒、胡椒粉、鸡汤各适量。

做法

① 虾皮稍泡洗净，沥水；油菜心洗净。

② 炒锅上火，倒油烧热，加入虾皮、葱姜末炒香，烹入料酒，加入鸡汤，旺火烧至汤沸时下入手擀面，煮熟，加入精盐、味精、胡椒粉、油菜心和香菜末略煮，出锅即成。

营养小典：虾皮中含有甲壳素，它能促使免疫细胞增殖，增强体内免疫力，进而可达到抑制恶性肿瘤扩散及转移的作用。

三鲜炸酱面

主料 细面条300克，水发海参、水发鱿鱼、虾仁各75克。

调料 葱末、姜末、料酒、酱油、甜面酱、精盐、鸡精、水淀粉、食用油、鲜汤各适量。

做法

① 海参、鱿鱼均入沸水中焯透捞出，切丁；虾仁洗净，切丁；细面条入锅煮熟，投凉，盛碗中。

② 锅中倒油烧热，放入葱末、姜末炒香，下海参丁、鱿鱼丁、虾仁丁稍炒，烹入料酒、酱油，加鲜汤、甜面酱、精盐烧至熟烂，加鸡精，用水淀粉勾芡，盛入面条碗中即可。

营养小典：海参中含有的海参素能够刺激骨髓红细胞生长，具有造血功能。

炒面

主料 细面条300克，肉丝、油菜各30克。

调料 葱段、姜丝、鸡精、老抽、食用油各适量。

做法

① 面条入锅煮至八成熟，捞出用冷水冲凉。

② 锅中倒油烧热，放入葱段、姜丝、油菜、肉丝翻炒均匀，加入鸡精、老抽调味，放入面条，用筷子不断翻拌至面条熟即可。

营养小典：面条易于消化吸收，有改善贫血、增强免疫力、平衡营养吸收等功效。

主料　鸡蛋1个（约60克），番茄100克，挂面200克。

调料　番茄酱、盐、食用油各适量。

做法

① 鸡蛋磕入碗中，加盐打散；番茄切块；挂面下水煮熟，捞出投凉。

② 锅中倒油烧热，倒入鸡蛋液炒至凝结，加番茄块翻炒至番茄出汁，加入番茄酱、盐，倒入面条，翻拌均匀即可。

做法支招：煮挂面时，不要等水沸后下面。当锅底有小气泡往上冒时就下面，搅动几下，盖锅煮沸，适量加冷水，再盖锅煮沸就熟了。

番茄鸡蛋炒面

主料　刀切宽面条300克，羊肉150克，洋葱50克，青椒、红椒各30克。

调料　孜然粉、辣椒粉、精盐、味精、白糖、五香粉、姜丝、植物油各适量。

做法

① 锅内倒入水烧沸，下入刀切宽面条煮熟，捞出投凉；羊肉切丝；青椒、红椒、洋葱均切丝。

② 锅内倒油烧热，放入羊肉丝炒熟，下入孜然粉、辣椒粉、姜丝炒匀，加入洋葱丝及青、红椒丝炒熟，放入刀切宽面条、精盐、白糖、五香粉炒匀入味，加味精调味，出锅装盘即成。

营养小典：寒冬常吃羊肉，可以起到补虚、促进血液循环、增强御寒能力的作用。

孜然洋葱炒面

主料　鸡脯肉、油菜各50克，面条300克。

调料　葱花、姜丝、精盐、味精、料酒、胡椒粉、酱油、食用油、香油各适量。

做法

① 鸡脯肉洗净，切成细丝，入热油锅中滑熟后捞出；油菜洗净切丝；面条入沸水锅煮至八成熟，捞出过凉。

② 锅中倒油烧热，下入葱花、姜丝、料酒、酱油爆锅，再加入面条、鸡肉丝、油菜丝一同炒匀，加入精盐、味精、胡椒粉调味，淋入香油即可。

营养小典：鸡脯肉含蛋白质、脂肪、维生素和钙、磷、铁等成分，具有温中益气、强筋健骨的作用。

鸡丝炒面

鸡丝木耳炒面

主料 手擀面300克，鸡脯肉、水发木耳各25克。

调料 鸡汤、鸡蛋清、料酒、葱姜汁、精盐、鸡精、味精、淀粉、食用油各适量。

做法

① 手擀面入锅煮熟，捞出，投凉沥水；水发木耳洗净，切成丝；鸡脯肉洗净，切丝，放入碗中，打入鸡蛋清，加淀粉拌匀上浆。

② 锅内倒油烧热，下鸡丝滑炒至熟，下木耳丝，烹入料酒、葱姜汁，倒入鸡汤，下面条、精盐、鸡精、味精炒匀入味即可。

做法支招：煮面时，若在水里面加一汤匙油，面条就不会沾了，还能防止面汤起泡沫溢开锅外。

爆锅面

主料 宽面条250克，圆白菜20克，蛋皮丝50克。

调料 盐、食用油各适量。

做法

① 圆白菜切丝。

② 锅中倒油烧热，放入圆白菜煸炒片刻，加入蛋皮丝炒匀，倒入适量水烧开，下入宽面条煮熟，加盐调味即可。

做法支招：也可在面条快熟时打入鸡蛋，做成荷包蛋。

香菇鸡丝拉面

主料 拉面200克，鸡脯肉50克，香菇30克。

调料 葱姜末、酱油、料酒、精盐、鸡精、香油、食用油、鸡汤各适量。

做法

① 鸡脯肉煮熟，切成小块，撕成细丝，加精盐、香油拌匀；香菇泡发，去蒂洗净，切小丁。

② 锅内倒油烧热，放入葱姜末炝锅，烹料酒，注入鸡汤，下香菇丁煮至汤沸，下入拉面煮8分钟至熟，加入酱油、精盐、鸡精、香油调味，出锅装碗中，撒上鸡肉丝即可。

营养小典：拉面又称扯面、甩面、抻面，口感很有嚼劲，是中国主要的面食种类之一。

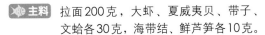

主料　拉面200克，大虾、夏威夷贝、带子、文蛤各30克，海带结、鲜芦笋各10克。

调料　葱姜丝、精盐、料酒、食用油各适量。

做法

① 大虾、夏威夷贝、带子、文蛤均洗净；鲜芦笋切段；海带结洗净。

② 汤锅内加清水烧沸，下入拉面煮熟，捞入碗中。

③ 锅中倒油烧热，下葱姜丝炝锅，烹料酒，加入适量水烧沸，放入文蛤煮至微开口，加入大虾、夏威夷贝、带子、海带结、鲜芦笋、精盐，再煮3分钟后离火，倒入面碗中即可。

营养小典：蛤蜊富含多种营养成分，低热量、高蛋白、少脂肪，能防治中老年人慢性病。

海鲜拉面

主料　宽面条300克，熟鸡肝末、虾仁、菠菜各30克，鸡蛋1个（约60克）。

调料　食用油、高汤、盐、鸡精各适量。

做法

① 虾仁洗净，切碎；菠菜洗净，切段；鸡蛋磕入碗中打散。

② 锅中倒油烧热，倒入鸡蛋液炒至凝固，盛出。

③ 锅中倒水烧沸，放入宽面条煮熟，加入虾仁、菠菜、鸡蛋，加盐、鸡精调味，煮至菠菜变色，撒熟鸡肝末即可。

饮食宜忌：鸡肝鸡心切记一次不可吃得过多，否则会引起维生素A中毒，出现烦躁、恶心、精神萎靡不振、嗜睡、皮肤瘙痒干燥等症状。

虾肉什锦面

主料　细面条300克，猪肉丝、蛋皮丝、水发木耳丝各30克。

调料　葱丝、酱油、精盐、味精、植物油、姜末、香油各适量。

做法

① 锅中倒油烧至热，下入猪肉丝煸炒至断生，加入葱丝、姜末、酱油煸炒入味，投入木耳丝炒至上色，加入适量水，烧沸后加入精盐、味精、香油，撒入蛋皮丝，制成三丝面卤。

② 将面条下入沸水中煮熟，捞入碗内，将三丝卤浇在面条上即成。

营养小典：木耳具有滋养脾胃、益气强身、舒筋活络、凉血、止血等功效。

三丝汤面

全家福汤面

主料 家常切面200克，虾仁、带子、口蘑、水发香菇、油菜心各20克。

调料 料酒、精盐、味精、葱段、姜片、鲜汤、植物油、辣椒油各适量。

做法

1. 虾仁洗净；带子、口蘑、香菇洗净切片，一同入沸水中汆烫片刻，捞出沥水。

2. 锅内倒水烧沸，下入家常切面煮熟，捞入碗中。

3. 炒锅倒油烧热，下葱段、姜片爆香，烹料酒，加鲜汤，下入虾仁、带子、口蘑、香菇、油菜心，调入精盐、味精，汤沸即离火，倒入面碗中，淋辣椒油即可。

营养小典：此汤面营养丰富，健身强体。

虾仁菜汤面

主料 龙须面200克，虾仁50克，青菜心30克。

调料 高汤、盐、鸡精各适量。

做法

1. 虾仁、青菜心均洗净。

2. 锅中倒入高汤烧沸，放入龙须面煮熟，放入虾仁、青菜心，调入盐、鸡精，稍煮即可。

营养小典：面条在水煮过程中有约20%的B族维生素会溶解在汤里，所以吃面的时候最好连汤一起喝。

虾仁鸡蛋宽面条

主料 宽面条200克，鸡蛋1个(约60克)，虾仁、菠菜各30克。

调料 香油、高汤、盐各适量。

做法

1. 虾仁洗净，切丁；菠菜洗净，切段，放入沸水锅焯烫后捞出；鸡蛋磕入碗中打散。

2. 锅中倒入高汤烧沸，放入虾仁丁，待汤烧开后下入宽面条煮熟，淋入鸡蛋液，加入菠菜，加盐调味，淋少许香油即可。

营养小典：面的种类非常丰富，除了最普通的用小麦粉制成的面条外，荞麦、燕麦等用杂粮做成的面条保健作用更好。

番茄鸡蛋菜汤面

主料　细面条250克，番茄、青菜心各30克，鸡蛋1个（约60克）。

调料　高汤、食用油、盐各适量。

做法

① 番茄洗净，切块；青菜心洗净；鸡蛋磕入碗中打散。

② 锅中倒油烧热，放入青菜心煸炒片刻，倒入高汤煮沸，加入面条、番茄，煮至面熟，淋入鸡蛋液，加盐调味即可。

饮食宜忌：鸡蛋最好和面食一起吃，这样可以提高蛋白质的利用率。

葱油拌面

主料　香葱段20克，挂面200克。

调料　食用油、生抽、白糖、鸡精、盐各适量。

做法

① 锅内倒油烧热，加入香葱段爆香，淋入生抽，煸炒片刻，调入白糖、鸡精炒匀成葱油料。

② 锅内倒入适量水，加少许盐，放入面条煮熟，捞出面条，过凉。

③ 将葱油料加入面条中拌匀即可。

营养小典：葱含有刺激性气味的挥发油和辣素，能祛除腥膻等油腻厚味菜肴中的异味，产生特殊香气，并有较强的杀菌作用，可以刺激消化液的分泌，增进食欲。

麻酱凉面

主料　面条300克，瘦猪肉150克，黄瓜50克，净西蓝花10克。

调料　芝麻酱、食用油、精盐、酱油、味精、葱花、蒜粒、香菜末各适量。

做法

① 瘦猪肉切丝；黄瓜切丝；芝麻酱加精盐、味精和适量凉开水调成稠糊状。

② 锅中倒油烧热，下葱花爆香，放入肉丝煸炒至变色，加入酱油炒熟，盛出。

③ 面条入沸水锅煮熟，捞出过凉，沥水后盛碗中，将黄瓜丝、熟猪肉丝、蒜粒、香菜末撒在面条上，浇上调好的芝麻酱，点缀西蓝花即可。

营养小典：此面可健脾开胃，健脑益智。

刀削面

主料 面粉300克，猪肉、卷心菜各30克，绿豆芽20克。

调料 精盐、醋、香油、水淀粉、酱油、食用油各适量。

做法

① 面粉加水和成面团；卷心菜洗净切丝，同绿豆芽一起焯水，过凉。

② 猪肉洗净切丁，入热油锅中略煸，加精盐、醋、香油、酱油调味，倒入水淀粉勾芡成卤汁。

③ 用特制刀具将面团削成条，下开水锅中煮熟，过凉水后捞入碗中，浇上卤汁，放上卷心菜丝、绿豆芽即成。

营养小典：此面增强体力，强筋壮骨。

素拌面

主料 宽面条300克，菠菜100克，榨菜50克，熟芝麻10克。

调料 精盐、香油、酱油、辣椒油、味精、葱末各适量。

做法

① 宽面条入锅煮熟，盛入碗中；菠菜洗净，切段，入沸水中烫熟，捞出沥水；榨菜切末。

② 将榨菜末、葱末、菠菜段放入面条碗中。

③ 熟芝麻、酱油、精盐、味精、辣椒油、香油调匀成味汁，浇在面条上即成。

营养小典：此面健脾开胃，增强食欲。

芝麻酱拌面

主料 面条300克。

调料 芝麻酱100克，葱花、酱油、白糖、味精、精盐、香油、辣椒油各适量。

做法

① 酱油、白糖、味精、精盐加适量水调匀成味汁。

② 芝麻酱加香油搅成浆状麻酱。

③ 锅内加水烧沸，下入面条煮熟，捞出沥水，盛入大碗中，加入调味汁、麻酱、辣椒油，拌匀倒入大盘中，撒入葱花即可。

营养小典：芝麻酱中钙的含量比较高，每100克芝麻酱中含有612毫克钙，远高于牛奶、豆腐等常见的补钙食品。

主料 细面条300克，花生末25克。

调料 酱油、香油、白糖、香醋、红油、蒜泥、芝麻酱、香葱末各适量。

做法

① 净锅内加入清水烧沸，下入细面条煮熟，捞出投入凉开水中过凉，捞入碗中。

② 将酱油、香油、白糖、香醋、红油、蒜泥、芝麻酱、花生末调匀，倒入面条碗中，撒上香葱末，食用前拌匀即可。

做法支招：担担面好吃的秘诀是配料丰富。

担担面

主料 手擀面250克，五花肉、黄瓜各50克。

调料 大酱、葱末、料酒、香油、食用油、白糖、味精各适量。

做法

① 黄瓜洗净切丝；五花肉切丁。

② 锅中倒油烧热，放葱末、猪肉丁煸炒，加大酱、水、料酒、白糖炒熟，加味精、香油调匀。

③ 锅中倒水烧沸，下面条煮熟，捞入大汤碗内，放上黄瓜丝，再浇入炸酱卤即可。

做法支招：炸酱面中如果加入一点海鲜酱，则会增加海鲜风味。

炸酱面

主料 全麦面条200克，菠菜叶、紫苏叶、生菜各20克，杏仁、松仁、核桃仁各10克。

调料 橄榄油、盐、糖、柠檬醋各适量。

做法

① 全麦面条入锅煮熟。

② 菠菜叶、紫苏叶、生菜均洗净，入锅煮熟，捞出沥干，切碎；杏仁、松仁、核桃仁均压碎，与各种菜叶混合均匀，加入橄榄油、盐、糖、柠檬醋拌匀成馅料。

③ 将馅料倒入全麦面条中拌匀即可。

营养小典：全麦面是由整粒的小麦(小麦种子)磨制而成，保留了糠层和胚芽，也保留了营养。

紫苏菠菜杏仁面

素菜荞麦面

主料 豆腐、鸡肉、胡萝卜、蟹味菇、芹菜各30克，荞麦面120克。

调料 酱油、鸡精、食用油各适量。

做法

① 豆腐切块；鸡肉切块；胡萝卜切片；蟹味菇撕成小块；芹菜切丁。

② 锅中倒油烧热，依次放入鸡肉、胡萝卜、蟹味菇炒匀，加入少许水煮开，放入荞麦面、豆腐，大火煮开，转小火煮至面熟，放入芹菜，加酱油、鸡精调味即可。

营养小典：荞麦含有芦丁(芸香苷)，芦丁有降低人体血脂和胆固醇、软化血管、保护视力、预防脑血管出血的作用。

蒸面条

主料 面条300克，鸡蛋2个(约120克)，菠菜50克。

调料 高汤、香油、精盐各适量。

做法

① 将面条放入沸水中煮熟；菠菜洗净，切小段。

② 鸡蛋打入碗内，加入高汤、精盐搅打均匀，再放入面条、菠菜，上笼用中火蒸约10分钟，食用时淋入香油即可。

做法支招：鸡蛋、肉汤、精盐三者要调匀，防止精盐沉底，上淡下咸。

羊肉炒面片

主料 面片100克，羊肉片50克，洋葱片、青椒片各30克。

调料 食用油、料酒、海鲜酱、盐、鸡精、胡椒粉、香油各适量。

做法

① 面片入沸水锅中煮熟，捞出过凉后控净水。

② 锅中倒油烧热，投入洋葱片爆香，倒入羊肉片炒熟，再加入面片、青椒片同炒，加入料酒、盐、鸡精、海鲜酱、胡椒粉，翻炒均匀，淋入香油即可。

做法支招：羊肉片也可采用上浆滑油的方法烹调。可先将洋葱青椒羊肉片炒好，再与面片同炒。

主料 揪面片250克，番茄、青椒各50克。

调料 食用油、盐、味精各适量。

做法

① 番茄洗净，去皮，切块；青椒洗净，切片；揪面片入沸水锅中煮熟，捞出。

② 锅中倒油烧热，投入番茄、青椒、揪面片煸炒均匀，加盐、味精调味，起锅装碗即可。

做法支招：揪面片就是将面团擀成薄片，再用手往下揪的面片。将揉好的面团擀成薄片，用力将面一片一片地揪成纽扣大小、中间有凹的小片，甩进锅里，煮至面片飘起即熟。

揪片

主料 猫耳朵200克，红椒丁、青椒丁、水发香菇丁、胡萝卜丁各20克。

调料 酱油、盐、味精、食用油各适量。

做法

① 猫耳朵入沸水锅中煮熟，捞出过凉后控净水。

② 锅中倒油烧热，投入红椒丁、青椒丁、香菇丁、胡萝卜丁煸炒，加猫耳朵炒匀，加入酱油、盐、味精炒匀，起锅装盘即成。

做法支招：面粉加水和成稍硬的面团，盖上湿布醒一下。醒好的面团揉匀擀成椭圆形，约0.7厘米厚，切成立体小方块。用大拇指按住小方块用力往前推一下，这样一个猫耳朵就好了。

炒猫耳朵

主料 乌冬面200克，胡萝卜、豆芽、尖椒、火腿丝、虾仁各15克。

调料 蚝油、盐、鸡精、花椒油、食用油各适量。

做法

① 胡萝卜、尖椒均切丝；虾仁洗净；豆芽洗净，掐去头尾。

② 锅中倒油烧热，放入火腿丝，倒入花椒油，炒至变色，加入胡萝卜、尖椒、豆芽、虾仁炒匀，倒入乌冬面炒熟，加蚝油、盐、鸡精炒匀即可。

做法支招：乌冬面是将盐和水混入面粉中制作成的白色较粗的面条。冬天加入热汤，夏天则放凉食用。

小炒乌冬面

和式炒乌冬面

主料 乌冬面300克，猪肉、油菜、胡萝卜、香菇各30克，鱼松5克，海苔少许。

调料 葱花、酱油、食用油、香油各适量。

做法

① 猪肉切丁；油菜切段；胡萝卜切片；香菇切丝。

② 锅中倒油烧热，放入葱花爆香，倒入肉丁、油菜、胡萝卜、香菇翻炒均匀，加入乌冬面翻炒至熟，沿锅边倒入酱油，淋入香油，盛出，撒上鱼松和海苔即可。

做法支招：乌冬面事先放在冰水中浸泡，可使口感更弹，更加爽滑。

咖喱炒米粉

主料 米粉200克，蛋皮50克，青椒、红椒、芽菜、火腿各15克。

调料 咖喱粉、食用油、盐各适量。

做法

① 米粉用温水泡开；蛋皮、青椒、红椒、火腿均切丝。

② 锅中倒油烧热，放入米粉翻炒片刻，加入青椒丝、红椒丝、火腿丝、蛋皮丝、芽菜、咖喱粉炒匀，加盐调味即可。

做法支招：米粉洁白如玉，有光亮和透明度的质量最好，无光泽、色浅白的质量差。

干炒牛河

主料 沙河粉250克，牛肉、芽菜、蛋皮各30克。

调料 酱油、盐、味精、料酒、食用油各适量。

做法

① 沙河粉用温开水浸泡；牛肉切小片；蛋皮切丝。

② 锅中倒油烧热，放入牛肉片煸炒至香，加芽菜炒匀，加盐、酱油、味精、料酒调味，倒出。

③ 另锅倒油烧热，倒入沙河粉炒匀，加盐、酱油调味，炒熟后装盘，将牛肉、芽菜、蛋皮盖在上面即可。

做法支招：河粉又称沙河粉，原料是大米。将米洗净后磨成粉，加水调制成糊状，上笼蒸制成片状，冷却后划成条状即成。

主料　菜心、牛肉各30克，河粉200克。

调料　高汤、葱花、盐、酱油、醋、食用油各适量。

做法

① 菜心切开，入锅焯烫后过凉；牛肉切片，入锅炒熟，加盐、酱油调味，盛出。

② 锅中高汤烧沸，放入河粉煮沸，加盐、醋调味，煮熟后装碗中，上面摆菜心、牛肉，撒上葱花即可。

做法支招：一般的高汤是土鸡汤，也有鸡汤加猪的骨头一起熬的。家里做菜可以先用一点肥肉放在锅里熬，出油了加适量的水，然后加鸡精制成高汤。

上汤牛河

主料　乌冬面250克，海苔丝、大虾、豆芽各20克。

调料　味噌酱适量。

做法

① 大虾、豆芽均入锅煮熟。

② 乌冬面煮熟，装入碗中。

③ 把煮好的大虾、豆芽放在乌冬面上，撒上海苔丝，淋入味噌酱即可。

营养小典：乌冬面本身几乎不含脂肪，反式脂肪酸为零，对人体有保健作用。

日式煮乌冬面

主料　乌冬面300克，腊肉50克，大枣、莲子各10克。

调料　胡椒粉、葱段、姜片、八角茴香、料酒、食用油各适量。

做法

① 乌冬面放入沸水中煮2分钟，捞出。

② 腊肉用温水泡洗干净，改刀。

③ 锅中倒油烧热，放入葱段、胡椒粉、姜片、八角茴香煸香，加适量水，烹入料酒，烧沸后下腊肉、大枣、莲子，小火烧至肉熟烂、汤汁收浓时起锅，与乌冬面拌匀即可。

做法支招：腊肉是新鲜肉类加盐腌制而成，蒸或煮可以去掉里面的一些盐分。

腊味乌冬面

家常意大利面

主料 空心面200克，胡萝卜、芹菜、洋葱各25克。

调料 食用油、番茄酱、盐各适量。

做法

① 空心面先煮10分钟，过凉；各式蔬菜洗净切条。

② 锅中倒油烧热，加入蔬菜条、空心面、番茄酱炒熟，加盐调味即可。

做法支招：意大利面的形状各不相同，除了普通的直身粉外还有螺丝型的、弯管型的、蝴蝶型的、贝壳型的，林林总总数百种。

主厨沙拉通心面

主料 管状通心面200克，培根、苹果丁、西芹各20克，酸奶20毫升。

调料 沙拉酱、食用油各适量。

做法

① 通心面放入滚水锅中煮熟，捞起放凉。

② 西芹切末；培根切小块。

③ 通心面、培根、苹果丁、西芹加入沙拉酱、酸奶拌匀即可。

做法支招：煮通心面的时候，加水不要太多，否则面会煮的过软，没有嚼劲。

奶味通心面

主料 通心面200克，水发香菇、胡萝卜、油菜心各50克。

调料 奶油、精盐、味精、食用油各适量。

做法

① 水发香菇洗净，切片；胡萝卜洗净，去皮，切片；油菜心洗净，切成两半。

② 通心面温水下锅，旺火烧沸，转中火，加少许精盐，煮15分钟，捞出沥干。

③ 炒锅倒油烧热，加入通心面、精盐、味精翻炒2分钟，再下入奶油、香菇、胡萝卜、油菜炒匀，出锅装盘即可。

做法支招：火候的掌握尤其重要，成熟度以手能捏透为宜。

包

主料 发酵面团200克，黑米100克。

调料 糖适量。

做法

① 将黑米蒸熟，加入糖搅拌均匀凉凉。

② 取发酵面团搓条，下剂，擀皮。

③ 皮内用匙板包入馅料，做成烧麦生坯，醒发后上笼，旺火蒸10分钟即成。

营养小典：黑米和紫米都是稻米中的珍贵品种，属于糯米类。黑米被称为"补血米""长寿米"，中国民间有"逢黑必补"之说。

黑米包

主料 发酵面团500克，红豆500克。

调料 白糖、食用油各适量。

做法

① 将红豆煮烂，滤水，搓成沙，入热油锅内加白糖炒透成红豆馅，凉凉。

② 取发酵面团，搓条，下剂擀皮，包入馅料，做成圆形生坯，嵌花，醒发后上笼，旺火蒸10分钟即成。

营养小典：红豆气味甘、酸、平、无毒，有化湿补脾之功效，对脾胃虚弱的人比较适合。

豆沙包

主料 面粉500克，豆沙馅200克。

调料 泡打粉、活性干酵母各5克。

做法

① 面粉加入泡打粉、活性酵母和温水调成发酵面团。

② 将面团分成小坯，包入豆沙馅，剪成刺猬形，入笼蒸8分钟至熟即可。

营养小典：红豆含有较多的皂角苷，可刺激肠道，因此它有良好的利尿作用，能解酒、解毒，对心脏病和肾病、水肿有益。

刺猬包

红糖三角包

主料 发酵面团500克，熟面粉200克。

调料 红糖、食用油各适量。

做法

1. 取发酵面团搓条，下剂擀皮。
2. 红糖加熟面粉拌匀，再加食用油拌成馅料。
3. 将馅料包入皮中，做成三角形生坯，醒发后上笼，小火蒸15分钟即可。

营养小典：红糖性温、味甘、入脾，具有益气补血、健脾暖胃、缓中止痛、活血化瘀的作用。

佛手枣泥包

主料 发酵面团500克，枣泥馅200克。

做法

1. 将发酵面团搓条，下剂，按扁，擀成圆形面皮。
2. 将枣泥馅铺正面皮上，中间多放些，两边少放些，然后卷起，用刮刀在中间鼓起的部分连切五刀，两端粘在一起，即成佛手包生坯，醒10分钟。
3. 将醒好的佛手包生坯入蒸笼，大火蒸12分钟即可。

做法支招：醒面时须用温布盖上，以免表皮风干。

奶酪香芋包

主料 芋头100克，面粉300克。

调料 白糖、黄油、香油、酵母、泡打粉各适量。

做法

1. 芋头去皮切片，蒸熟后压成泥，加入白糖、香油搅拌均匀，制成香芋馅。
2. 面粉、泡打粉、黄油、酵母混合，加水和成发酵面团，擀薄成面皮。
3. 将馅料包入面皮中，醒发好后上笼，旺火蒸10分钟即可。

营养小典：芋头中含有一种高分子植物胶体，具有很好的止泻作用，可用于儿童久泻脾虚的治疗。

主料 发酵面团500克，鸡蛋3个(约180克)，鲜奶适量。

调料 白糖、奶油、玉米淀粉各适量。

做法

① 鸡蛋打匀，加入白糖、鲜奶、奶油、玉米淀粉搅打均匀，制成馅料。

② 取发酵面团搓条，下剂，擀皮。

③ 皮内用匙板包入馅料，做成圆形生坯后在顶部用刀割"十"字，醒发后上笼，旺火蒸10分钟即成。

做法支招：玉米淀粉是常用的西式餐点调料，在各大超市或网店均有销售。

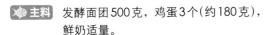

奶黄包

主料 发酵面团500克，玉米粉200克，鸡蛋250克，鲜奶适量。

调料 白糖、奶油、淡奶油各适量。

做法

① 鸡蛋打入碗内搅匀，加鲜奶、白糖、奶油、玉米粉、淡奶油搅打均匀，盛入容器中，放笼内蒸熟，制成糊状奶黄馅料。

② 取发酵面团搓条，下剂，擀皮，包入馅料做成生坯。

③ 将生坯醒发好，放入笼屉，用中火蒸熟即成。

做法支招：上笼蒸馅料时要边蒸边搅，否则会结块。

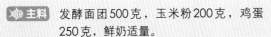

三花奶黄包

主料 面粉500克，鸡蛋3个(约180克)，绿茶适量。

调料 酵母10克，淡奶油、奶油、黄油、白糖、淀粉各适量。

做法

① 将绿茶碾碎；锅内加黄油、鸡蛋液和部分绿茶末炒匀，加白糖、淡奶油、淀粉搅匀，制成馅料。

② 面粉面团加白糖、奶油、酵母、剩余绿茶末拌匀，加温水和面，揉成面团，醒发后搓条，下剂擀皮。

③ 用匙板将馅料包入皮内，制成包子生坯，醒发后上笼蒸熟即成。

做法支招：蒸的时间不要过长，以免茶叶味变淡。

茶叶包

胡萝卜素包

主料 发酵面团400克，胡萝卜200克，鸡蛋100克，海米、水发木耳各20克。

调料 葱、姜、盐、味精、食用油各适量。

做法

① 鸡蛋入锅炒熟；胡萝卜、木耳均切碎去水，加入炒鸡蛋、海米、葱、姜、盐、味精、食用油拌匀制成馅料。

② 取发酵面团搓条，下剂，擀皮。

③ 皮内用匙板包入馅料，做成麦穗形生坯，醒发后上笼，旺火蒸10分钟即可。

营养小典：胡萝卜味甘、性平，有健脾和胃、补肝明目、清热解毒、壮阳补肾、透疹、降气止咳等功效。

胡萝卜汤包

主料 面粉、胡萝卜各500克，鸡蛋250克，茭瓜丝300克。

调料 食用油、精盐、味精、葱姜末各适量。

做法

① 胡萝卜榨汁，加入面粉中，加开水和成烫面面团，揉匀稍醒。

② 鸡蛋打散，入热油锅炒熟，加入茭瓜丝、葱姜末、精盐、味精炒匀，凉凉后成馅料。

③ 取烫面团搓条，下剂擀皮，用匙板将馅料包入皮内，无需醒发，上屉蒸15分钟即成。

营养小典：胡萝卜素和维生素A是脂溶性物质，应用油炒熟或和肉类益气炖煮后食用，以利吸收。

山楂包

主料 面粉500克，山楂200克。

调料 白糖适量。

做法

① 山楂洗净，掰开去子，入锅煮烂，盛出，加白糖和匀，制成山楂酱。

② 面粉加适量水和成面团，醒发40分钟。

③ 将发酵面团搓条，下剂擀皮，包入山楂酱馅料，上笼蒸熟即可。

营养小典：山楂具有促进消化的功效，所以在胃口不好的时候食用具有促进消化的作用。

主料 烫面团、豆腐各250克，地瓜面150克。

调料 葱、姜、盐、味精、食用油各适量。

做法

① 将地瓜面、烫面团合在一起，用沸水烫透，揉匀，凉凉。

② 把豆腐、葱、姜、盐、味精、食用油拌匀制成馅料。

③ 取烫好地瓜面搓条下剂，擀皮，用匙板将馅包入皮内，上屉蒸10分钟即可。

营养小典：营养均衡，味道鲜，地瓜面具有软化血管作用，适合老年人食用。

地瓜面烫包

主料 烫面团150克，玉米面250克，胡萝卜、香菇各100克，鸡蛋100克。

调料 葱、姜、盐、味精、食用油各适量。

做法

① 将玉米面、烫面团拌匀用沸水烫透、揉匀、凉凉；鸡蛋打散，入热油锅炒熟盛出。

② 将胡萝卜、香菇均切碎去水，加入炒鸡蛋、葱、姜、盐、味精、食用油拌匀制成馅料。

③ 取烫面团搓条下剂，擀皮，用匙板将馅包入皮内，上屉蒸10分钟即可。

营养小典：玉米面具有降血压、降血脂、抗动脉硬化、预防肠癌、美容养颜、延缓衰老等多种保健功效，也是糖尿病患者的适宜佳品。

玉米面包

主料 烫面团400克，海带、豆腐、粉丝各150克。

调料 葱、姜、盐、味精、食用油各适量。

做法

① 将海带切丝，豆腐切小丁，粉丝煮熟加入葱、姜、盐、味精、食用油，搅拌均匀，制成馅料。

② 取烫面搓条下剂擀皮。

③ 用匙板将馅料包入皮内做成生坯、上笼蒸8分钟即成。

营养小典：豆腐中含有多种皂角苷，能阻止过氧化脂质的产生，抑制脂肪吸收，促进脂肪分解；皂角苷可促进碘的排泄，容易引起碘缺乏，所以经常吃豆腐者，应该适当增加碘的摄入。

海带豆腐素包

韭菜素包

主料 烫面团500克，韭菜、鸡蛋各200克。

调料 酱油、葱姜末、盐各适量。

做法

① 韭菜切碎，鸡蛋炒碎，加酱油、葱姜末、盐调匀成馅料。

② 取烫面团下剂擀皮。

③ 用匙板将馅包入皮内，醒发上屉蒸10分钟即成。

营养小典：韭菜具健胃、提神、止汗固涩、补肾助阳、固精等功效。

一品素包

主料 菠菜、豆芽菜各150克，发酵面团500克，水发香菇、水发粉丝各50克。

调料 香油、味精、胡椒粉、精盐各适量。

做法

① 将豆芽菜、菠菜洗净后用开水烫熟，切碎，挤干水分，加入切成小段的水发粉丝、切碎的香菇块、香油、精盐、味精、胡椒粉拌匀成素馅。

② 将发酵面团揪成面剂子，压成面皮，中间放馅，捏30个左右褶(要高桩形状)，放在较暖的地方，醒20分钟后摆入笼内，置于沸水锅上用旺火蒸15分钟即成。

做法支招：用开水焯菠菜的时候在水中放一点儿精盐，并滴几滴香油，可使焯出的菠菜嫩绿。

素菜包了

主料 冬笋、豆腐干各150克，油面筋、水发冬菇各25克，发酵面团400克。

调料 白糖、味精、香油、食用油、精盐各适量。

做法

① 油面筋、冬菇、冬笋、豆腐干均切丁，放盆中，加入白糖、味精、香油、食用油和精盐拌匀成馅。

② 将发酵面团揪成面剂，擀成中间稍厚，四周稍薄的圆形面皮，包入馅心，捏成提花包状。

③ 将生坯装入已刷过油的笼中，旺火蒸15分钟即成。

营养小典：由于香菇中含有一般食品中罕见的伞菌氨酸、口蘑酸等，故味道特别鲜美。

主料 发酵面团500克，油菜、水发香菇各250克，香干50克。

调料 食用油、精盐、白糖、味精、香油各适量。

做法

① 将油菜烫熟，挤干水分，与香菇、香干一同剁碎，加入精盐、白糖、味精、食用油、香油拌匀成馅料。

② 将发酵面团搓条，下剂擀皮，包入馅料，捏成包子生坯，放入蒸笼内常温下静置50分钟，上火蒸熟即可。

饮食宜忌：长得特别大的鲜香菇不要吃，因为它们多是用激素催肥的，大量食用对机体易造成不良影响。

香菇素菜包

主料 烫面团 250克，猪肉馅200克。

调料 酱油、葱、姜、盐、味精、食用油各适量。

做法

① 将猪肉馅肉加入酱油、葱、姜、盐、味精、食用油搅拌均匀，制成馅料。

② 取烫面团下剂擀皮。

③ 用匙板将馅包入皮内，上屉蒸10分钟即成。

营养小典：馅香汤足，味美可口。

龙眼汤包

主料 菠菜汁、面粉各500克，猪肉泥300克。

调料 酱油、葱姜末、精盐、味精各适量。

做法

① 菠菜汁加入面粉中，加开水和成碧绿色的烫面面团，揉匀醒面。

② 猪肉泥中加入葱姜末、精盐、味精、酱油搅匀，制成馅料。

③ 取烫面团搓条，下剂擀皮，用匙板将馅料包入皮内，直接上屉蒸熟即成。

营养小典：此汤包健脾和胃，活血解毒。

翡翠汤包

三丁包

主料 发酵面团500克，五花肉丁250克，笋丁100克，鸡丁50克。

调料 酱油、精盐、味精、葱姜末、食用油各适量。

做法

① 起油锅烧热，下入切好的五花肉丁、笋丁、鸡丁煸炒，加入酱油、精盐、味精、葱姜末、食用油炒拌均匀，制成馅料。

② 取发酵面团搓条，下剂擀皮，用匙板将馅料包入皮内，做成提花生坯，醒发后上笼，旺火蒸10分钟即成。

营养小典：三丁作馅，鲜、香、脆、嫩俱备，肥而不腻。也可加入参丁、虾丁做成"五丁包"，更是营养滋补。

肉丁豆角包

主料 发酵面团500克，豆角、牛肉各200克。

调料 葱姜末、酱油、食用油、花椒水、盐、味精。

做法

① 豆角洗净切丁，入沸水锅焯烫后捞出，沥干；牛肉洗净剁成馅，加入豆角丁、葱姜末、酱油、食用油、花椒水、盐、味精调匀成馅料。

② 取烫面团下剂擀皮。

③ 用匙板将馅包入皮内，醒发上屉蒸10分钟即成。

营养小典：豆角性味甘平，有健脾和胃、补肾止带的功效，特别适合脾胃虚弱所导致的食积、腹胀以及肾虚遗精、白带增多者食用。

白菜猪肉包

主料 发酵面团500克，白菜、猪肉馅各200克。

调料 葱姜末、盐、味精、酱油、食用油各适量。

做法

① 白菜洗净，入沸水锅焯烫后捞出，切碎；猪肉馅内加入白菜、葱姜末、盐、味精、酱油、食用油搅拌均匀，制成馅料。

② 取发酵面团搓条，下剂，擀皮，用匙板包入馅料，做提花生坯，醒发后上笼，旺火蒸15分钟即成。

营养小典：大白菜具有较高的营养价值，俗话说"百菜不如白菜"。

主料 发酵面团500克，山野菜、五花肉丁各200克。

调料 酱油、盐、味精、葱姜末、食用油各适量。

做法

① 将山野菜切碎，攒水，加入五花肉丁、酱油、食用油、盐、味精、葱姜末搅拌均匀。

② 取发酵面团搓条，下剂，擀皮，用匙板包入馅料，做成生坯，醒发后上笼，旺火蒸15分钟即成。

营养小典：山野菜亦菜亦药，具有很高的医疗价值，对高血压、冠心病、糖尿病、癌症有很好的疗效，能预防多种疾病。

野菜肉包

主料 发酵面团500克，酸菜、五花肉各200克。

调料 葱末、酱油、精盐、味精、五香粉、香油各适量。

做法

① 将酸菜剁成末，挤净水分；五花肉剁成末。

② 将猪肉末内加入所有调料搅匀，加入酸菜末拌匀成馅。

③ 取发酵面团搓条，下剂，擀皮，用匙板包入馅料，提褶收口捏成圆形包子坯，摆入蒸锅内，用旺火足汽蒸15分钟至熟取出即成。

营养小典：此菜包健脾开胃，润肠通便。

酸菜包

主料 发酵面团500克，猪肉泥300克。

调料 葱姜末、精盐、味精、酱油、食用油各适量。

做法

① 猪肉泥中加入葱姜末、精盐、味精、酱油、食用油，顺一个方向搅拌均匀，制成馅料。

② 取发酵面团搓条，下剂擀皮，用匙板将馅料包入皮内，做成提花生坯，醒发后上笼，以旺火蒸15分钟即成。

营养小典：猪肉性平，稍带微寒。有补中益气、生津液、润肠胃、强身健体的功效。

猪肉小笼包

开封灌汤包子

主料 发酵面团500克，猪肉馅300克，猪皮150克。

调料 葱花、姜末、精盐、酱油、味精、香油、胡椒粉、料酒各适量。

做法

① 猪皮治净后搅碎，加水煮软成胶状时加入葱花、姜末、精盐，制成皮汤。

② 猪肉馅入盆，加酱油、味精、胡椒粉、香油搅匀，加水搅打上劲，调入料酒、皮汤拌匀成馅。

③ 发酵面团揉匀揉条，下剂擀皮，包入馅料，制成包子生坯，入笼蒸熟即可。

做法支招：吃包子时可先用吸管喝汤，但要小心烫口。

排骨包

主料 发酵面团500克，腌制排骨300克，白菜150克。

调料 酱油、香油、精盐、味精、葱姜末、食用油各适量。

做法

① 将白菜切碎，挤去水分，加入酱油、香油、精盐、味精、葱姜末、食用油搅拌均匀，放入切好的排骨拌匀，制成馅料。

② 取发酵面团搓条，下剂擀皮，用匙板将馅料包入皮内，每张皮中部包入一只排骨，做成提花生坯，醒发后上笼，以旺火蒸15分钟即成。

做法支招：腌制排骨时，不要放盐，以免口感不好。

牛肉小笼包

主料 发酵面团500克，牛肉300克。

调料 葱姜末、酱油、食用油、花椒水、精盐、味精各适量。

做法

① 牛肉绞成泥，加入花椒水、精盐、味精、酱油、食用油、葱姜末搅拌均匀，制成馅料。

② 取发酵面团搓条，下剂擀皮，用匙板将馅料包入皮内，做成提花生坯，醒发后上笼，以旺火蒸10分钟即成。

营养小典：牛肉小笼包补中益气，脾胃，强健筋骨，

桃仁鸭丁包

主料 发酵面团500克，熟鸭脯肉300克，油酥核桃仁100克，香菇、玉兰片、熟火腿各20克。

调料 料酒、精盐、食用油各适量。

做法

① 将熟鸭脯肉洗净，切成小碎丁；香菇去蒂，切碎末；玉兰片、火腿均切丁；油酥核桃仁压碎。

② 将鸭肉丁、香菇丁、玉兰片丁、火腿丁、油酥核桃仁末放在盆内，加入精盐、料酒、食用油，拌匀成馅。

③ 将发酵面团揉匀，揪面剂，擀成圆皮，包入馅，捏成包子，摆入屉中，用旺火蒸熟即成。

营养小典：鸭肉口感柔嫩，味道清鲜。

三鲜灌汤包

主料 发酵面团500克，猪肉250克，鸡脯肉100克，肉皮丁、虾仁各50克。

调料 葱姜末、花椒水、酱油、精盐、味精、生油、香油各适量。

做法

① 将猪肉、鸡脯肉剁成泥，虾仁切碎，加入生油、酱油、精盐、味精拌匀，再加入肉皮丁、葱姜末、花椒水、香油拌匀，制成馅料。

② 取发酵面团搓条，下剂擀皮，用匙板将馅料包入皮内，做成提花生坯，醒发后上笼，旺火蒸熟即成。

做法支招：擀的皮不能太薄，蒸的时间不要过长，以免汤汁外溢。

三鲜煎包

主料 发酵面团500克，木耳、猪肉馅各150克，海米50克，熟芝麻10克。

调料 葱、姜、花椒水、盐、味精、食用油各适量。

做法

① 将猪肉馅内加入花椒水、葱、姜、盐、味精、食用油、木耳、海米搅拌均匀，制成馅料。

② 取发酵面团搓条，下剂，擀皮，用匙板包入馅料，做成生坯，醒发后放入煎锅，加盖煎至一面焦黄，翻扣放盘中，撒芝麻即可。

做法支招：整个煎制的过程要大火转中小火，循序渐进地煎制，切忌一味大火，以免煎糊。

三鲜大包

主料 发酵面团500克，木耳、海米各50克，猪肉泥250克。

调料 葱姜末、花椒水、酱油、精盐、味精、食用油各适量。

做法

① 木耳用水泡发后去蒂切末；海米泡发洗净。

② 猪肉泥加入酱油、花椒水、葱姜末、精盐、味精、食用油、木耳、海米，搅拌均匀，制成馅料。

③ 取发酵面团搓条，下剂擀皮，用匙板将馅料包入皮内，做成提花生坯，醒发后上笼，旺火蒸15分钟即成。

做法支招：最好是用半肥半瘦的猪肉自己剁馅，其他配料可自由搭配。

三鲜馅包子

主料 韭菜、水发海米各100克，猪肉末200克，发酵面团500克。

调料 香油、食用油、酱油、精盐、味精、姜末各适量。

做法

① 将韭菜洗净沥水，切碎；海米切碎，加入猪肉末、酱油、精盐、味精和少许清水搅匀，最后加入香油、食用油、韭菜末、姜末，拌匀成三鲜馅。

② 将发酵面团揉成条，揪成面剂，擀成中间稍厚、边缘较薄的面皮，包入三鲜馅，捏成包子，码入屉内，上笼用旺火蒸15分钟即熟。

做法支招：蒸锅里的水最好以六至八成满为佳，再以旺火足气蒸制，中途不能揭盖。

虾仁大包

主料 发酵面团500克，虾仁150克，猪肉泥100克，枸杞子10克。

调料 精盐、味精、酱油、食用油、葱姜末各适量。

做法

① 猪肉泥中加入切碎的枸杞子、葱姜末、精盐、味精、酱油、食用油、虾仁拌匀，制成馅料。

② 取发酵面团搓条，下剂擀皮，用匙板将馅料包入皮内，做成提花生坯，醒发后上笼，以旺火蒸15分钟即成。

营养小典：枸杞子具有降低血压、血脂和血糖的作用，能防止动脉硬化，保护肝脏，抵制脂肪肝、促进肝细胞再生。

主料 发酵面团500克，五花肉丁250克，虾仁100克。

调料 酱油、盐、味精、葱姜末、食用油各适量。

做法

① 将切好的五花肉丁、虾仁入热油锅煸炒至变色，加入酱油、盐、味精、葱姜末、食用油炒拌均匀成馅料。

② 取发酵面团搓条，下剂擀皮，用匙板将馅料包入皮内，做成提花生坯，醒发后上笼，以旺火蒸15分钟即成。

营养小典：虾的营养价值极高，能增强人体的免疫力和性功能，补肾壮阳，抗早衰。

虾仁肉丁包

主料 面粉500克，五花肉250克，蟹肉100克。

调料 精盐、白糖、胡椒粉、料酒、葱姜末、香油、味精各适量。

做法

① 将五花肉、蟹肉剁成泥，加入水、精盐、味精、白糖、胡椒粉、料酒、葱姜末、香油，拌匀成馅。

② 取200克面粉，加沸水烫熟，再倒入剩余的面粉，加适量清水和匀，揉成表面光滑的面团。稍醒搓条，下剂擀皮，包入肉馅，制成包子生坯，放入蒸笼内蒸熟即可。

做法支招：馅料要带足够水分，否则影响口感。

五花蟹肉包

主料 发酵面团500克，水发海参、水发鱿鱼、净虾仁各150克。

调料 食用油、葱姜末、料酒、精盐、鸡精、胡椒粉各适量。

做法

① 海参、鱿鱼、虾仁均剁碎，放入小盆内，加入食用油、葱姜末、料酒、精盐、鸡精、胡椒粉，拌匀成馅。

② 将发酵面团搓成长条，揪成剂子按扁，擀成周边薄、中间略厚的圆皮，放入馅，收口提褶捏严，成圆形包子坯，摆入蒸锅中，用旺火蒸15分钟即成。

饮食宜忌：对海鲜有过敏体质及湿疹患者应少食。

海鲜包子

红薯面包子

主料 红薯面、面粉各200克，酵母10克，青萝卜200克，豆腐丁、水发粉丝各50克。

调料 精盐、味精、葱姜末、食用油、花椒油各适量。

做法

① 青萝卜洗净擦丝，剁细，加入豆腐丁、粉丝、葱姜末、精盐、味精、食用油、花椒油拌匀，制成馅料。

② 红薯面、面粉、酵母混匀，加温水和成面团揉匀，盖湿布醒发20分钟，搓条，下剂擀皮，包入馅料，制成包子生坯，醒发后上笼蒸熟即成。

营养小典：红薯面包子温中和胃，润肠通便。

麦穗包

主料 发酵面团500克，香菇、木耳菜各200克。

调料 葱姜末、香油、食用油、花椒水、酱油、精盐、味精各适量。

做法

① 香菇用温水泡发后取出，挤干水分，切碎；木耳菜去老叶，洗净切碎，加少许盐腌一下，挤干水分，加香菇丁、花椒水、酱油、食用油、精盐、味精、葱姜末、香油拌匀，制成馅料。

② 取发酵面团搓条，下剂擀皮，包入馅料，做成麦穗形生坯，醒发后上笼蒸熟即成。

营养小典：木耳菜热量低、脂肪少，经常食用有降血压、益肝、清热凉血、利尿、防止便秘等功效。

香米包

主料 香米面、面粉、猪肉各250克，酵母15克，小茴香、水发海米各50克。

调料 葱姜末、酱油、食用油、香油、精盐、味精各适量。

做法

① 小茴香洗净切碎；猪肉切丁，加葱姜末、精盐、味精、酱油搅拌入味，再加入小茴香、海米、香油、食用油、味精搅拌均匀，制成馅料。

② 香米面、面粉混合，加酵母搅拌均匀，加温水和成温水面团，盖湿布醒发20分钟，搓条，下剂擀皮，包入馅料，制成包子生坯，上笼蒸熟即成。

营养小典：香米香味奇特，清香四溢。

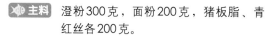

主料 澄粉300克，面粉200克，猪板脂、青红丝各200克。

调料 猪油、白糖各适量。

做法

① 猪板脂切丁，加白糖揉匀，再加入青红丝揉匀，制成水晶馅。

② 澄粉中加面粉拌匀，倒入沸水，随倒随搅，拌匀后加盖闷15分钟，取出揉匀，加白糖、猪油揉光滑，制成水晶面团，搓条，下剂擀皮，包入水晶馅，做成提花生坯，放入蒸笼，以猛火蒸10分钟即熟。

做法支招：蒸时要用猛火，时间不宜过长，以防水晶皮破裂。

水晶包

主料 发酵面团500克，猪肉馅200克，大葱150克。

调料 精盐、味精、酱油、姜末、十三香、香油、食用油各适量。

做法

① 大葱切末，加猪肉馅、精盐、味精、姜末、十三香、酱油、香油拌匀成馅料。

② 取发酵面团搓条，下剂擀皮，包入馅料，捏成包子生坯。

③ 平底锅倒少许油烧热，放入包子煎1分钟，倒入面粉加水调成的稀糊，加盖，小火煎至水干，淋入少许油，煎至包子底部焦黄酥脆即可。

做法支招：煎制包子时须加盖，否则馅不易熟透。

水煎包

主料 包子生坯7个，瓜子仁20克，鸡蛋1个。

调料 淀粉、植物油各适量。

做法

① 将鸡蛋打入碗中，搅散，再加入适量淀粉拌匀成蛋糊。

② 取包子生坯，将底部蘸取蛋糊，再粘上瓜子仁。

③ 煎锅上火，加少许植物油，下入包子生坯煎至包熟、底部金黄，且瓜仁香脆时即可。

营养小典：葵花子维生素E的含量特别丰富，每天吃一把葵花子，就能满足人体一天所需的维生素E，这对预防老年人常见疾病有好处。

瓜仁煎包

饺

素水饺

主料 冷水面团500克，水发粉丝、胡萝卜末、海米各150克。

调料 香菜末、食用油、盐、味精各适量。

做法

① 将水发粉丝、海米均切碎，加香菜末、胡萝卜末拌匀，加入食用油、盐、味精调拌成馅。

② 取冷水面团搓条，下剂擀皮，包入馅料做成水饺生坯，倒入沸水锅煮熟即可。

做法支招：煮饺子一定要待锅中水开后再放入饺子。

芹菜水饺

主料 芹菜300克，腐竹200克，面粉500克。

调料 食用油、精盐、味精、酱油、香油各适量。

做法

① 将腐竹用温水泡透，洗净，挤去水分后切成碎丁。

② 芹菜择洗干净，去梗，剁成碎末，挤去水分。

③ 将腐竹丁放入盆内，加入芹菜末、食用油、酱油、香油、精盐和味精搅拌均匀成馅。

④ 将面粉加水拌匀和成面团，揉匀揉透，盖上湿布醒面15分钟左右，稍揉几下，搓成长条，揪成小面剂，擀成圆形面皮，将馅料抹入面皮里，包捏成饺子，下入烧沸的水锅内煮熟即成。

营养小典：常吃芹菜，尤其是吃芹菜叶，对预防高血压、动脉硬化等都十分有益，并有辅助治疗作用。

素三鲜水饺

主料 冷水面团500克，鸡蛋200克，虾仁、海参、木耳各50克，韭菜150克。

调料 食用油、精盐、味精、香油各适量。

做法

① 鸡蛋打入碗中，搅匀，入热油锅中炒成碎片；虾仁、海参切碎。

② 韭菜洗净切末；木耳泡发后洗净，切成末。

③ 将虾仁、海参、鸡蛋、木耳、韭菜一同放入容器中，加入食用油、精盐、味精、香油调拌均匀，制成馅料。

④ 取冷水面团搓条，下剂擀皮，包入馅料，做成水饺生坯，下入沸水锅中煮熟，捞出装盘即成。

营养小典：此水饺适合气血不足、营养不良者食用。

主料 冷水面团500克，冬笋片、油豆腐各200克，黄豆芽300克。

调料 食用油、味精、精盐、葱末、香油各适量。

做法

① 将黄豆芽去根洗净，入沸水锅内焯一下，捞出，沥水，切碎。

② 将冬笋片和油豆腐切碎，与黄豆芽一起放入盆内，加入食用油、香油、精盐、味精和葱末，拌成素馅。

③ 将面团，揉匀，稍醒，制成面皮，包入素馅成饺子，下入沸水锅内煮熟即成。

营养小典：黄豆在发芽过程中更多的营养元素被释放出来，更利于人体吸收。

豆芽笋饺

主料 冷水面团500克，黄瓜100克，鸡蛋3个（约180克），水发海米、水发木耳丁各50克。

调料 葱姜末、香菜末、食用油、香油、精盐、味精、蒜泥汁各适量。

做法

① 黄瓜洗净去皮，切碎，挤去水分；鸡蛋打入碗内搅匀，倒入热油锅炒熟盛出。

② 将黄瓜、海米、鸡蛋、木耳丁、葱姜末、香菜末、食用油、香油、精盐、味精拌匀，制成馅料。

③ 取冷水面团搓条，下剂擀皮，包入馅料，做成水饺生坯，下入沸水锅中煮熟，用漏勺捞出装盘，蘸蒜泥汁食用。

做法支招：黄瓜水分大，水饺速包速下，防止破皮。

黄瓜素水饺

主料 韭菜250克，豆腐200克，面粉500克。

调料 精盐、味精、香油、食用油各适量。

做法

① 将韭菜洗净，切碎；豆腐切成小丁，倒入烧热的油锅中略炒，调入精盐，炒匀，盛入碗中。

② 将韭菜末、豆腐丁倒入小盆中，加入适量精盐、味精、香油做成饺子馅。

③ 面粉用适量的温水揉成面团，做成饺子皮，包入馅料，捏成饺子，入笼至沸水锅上用旺火蒸熟即成。

营养小典：豆腐不仅是味美的食品，它还具有养生保健的作用。五代时人们就称豆腐为"小宰羊"，认为豆腐的白嫩与营养价值可与羊肉相提并论。

白玉翠饺

胡萝卜素水饺

主料 冷水面团500克，胡萝卜200克，鸡蛋3个，虾皮50克。

调料 葱姜末、精盐、味精、食用油、香油各适量。

做法

① 鸡蛋打入碗内搅匀，倒入热油锅中炒碎，盛出。

② 胡萝卜切丝，剁碎，加入碎鸡蛋、虾皮、葱姜末、精盐、味精、食用油、香油拌匀，制成馅料。

③ 冷水面团醒面搓条，下剂擀皮，包入馅料，做成水饺生坯，下入沸水锅中煮熟，用漏勺捞出装盘即成。

营养小典：胡萝卜中含有较多胡萝卜素，有利于明目、滋养皮肤。

素什锦水饺

主料 冷水面团500克，水发粉条、韭菜、绿豆芽、胡萝卜、水发木耳各75克，海米30克。

调料 姜末、精盐、鸡精、香油、食用油各适量。

做法

① 韭菜、水发木耳、胡萝卜、绿豆芽均洗净，切碎；粉条、海米均切成末。

② 将粉条末、海米末、木耳末、胡萝卜末、绿豆芽末、韭菜末放一容器内，加姜末、精盐、鸡精、香油、食用油拌匀，制成馅料。

③ 将面团搓成长条，下剂擀皮，放入馅，捏成月牙形饺子坯，下沸水锅中煮熟即可。

营养小典：绿豆芽中含有核黄素，可防治口腔

茭瓜猪肉水饺

主料 冷水面团500克，茭瓜1肉丁200克。

调料 葱姜末、酱油、精盐、味精、蒜泥汁各适量。

做法

① 茭瓜去皮、去瓤，切丝后剁细，挤去水分，加食用油拌匀。

② 肥瘦猪肉丁加酱油、精盐拌匀入味，加入茭瓜、葱姜末、食用油、香油、味精，拌匀制成馅料。

③ 取冷水面团搓条，下剂擀皮，包入馅料，做成水饺生坯，下入沸水锅中煮熟，用漏勺捞出装盘，蘸大蒜泥汁食用。

营养小典：此水饺可促进新陈代谢。

主料　冷水面团500克，茄子100克，肥瘦猪肉丁200克。

调料　葱姜末、酱油、食用油、香油、精盐、味精、花椒水各适量。

做法

① 茄子洗净，去皮剁碎，放入小盆中，加酱油、精盐、花椒水、肥瘦猪肉丁、葱姜末、食用油、香油、味精拌匀，制成馅料。

② 取冷水面团搓条，下剂擀皮，包入馅料，做成水饺生坯，下入沸水锅中煮熟，用漏勺捞出装盘即可。

饮食宜忌：茄子性寒，凡体质虚弱及脾胃虚寒腹泻者不宜多食。

茄子猪肉水饺

主料　冷水面团500克，韭菜100克，肥瘦猪肉丁200克，水发海米50克。

调料　食用油、精盐、酱油、花椒水、味精、蒜泥汁各适量。

做法

① 韭菜洗净，沥水，切碎，加食用油拌匀。

② 肥瘦猪肉丁加精盐、酱油、花椒水、食用油、味精搅匀，加入韭菜、海米拌匀成馅。

③ 取冷水面团搓条，下剂擀皮，包入馅料，做成水饺生坯，下入沸水锅中煮熟，用漏勺捞出装盘，蘸蒜泥汁食用。

支招：韭菜择洗干净后，应在清水中浸泡10……以除残留农药。

猪肉韭菜水饺

……团500克，白菜100克，肥瘦猪……克。

……末、食用油、香油、精盐、味精、蒜泥汁各适量。

做法

① 白菜去掉老帮，洗净剁碎，加少许精盐腌一会儿，挤干水分，倒入小盆中，加入食用油、肥瘦猪肉丁、酱油、精盐、味精、葱姜末、香油、拌匀成馅。

② 取冷水面团揉匀，擀成大片，切成梯形小片，包入馅料，做成元宝形水饺生坯，下入沸水锅中煮熟，用漏勺捞出装盘，蘸蒜泥汁食用。

营养小典：此水饺清热解毒、调和肠胃。

白菜元宝水饺

芸豆猪肉水饺

主料 冷水面团500克，芸豆100克，肥瘦猪肉丁200克。

调料 葱姜末、花椒水、酱油、精盐、味精、食用油、香油各适量。

做法

① 芸豆撕去筋，洗净，上笼蒸熟，冷却后剁碎。

② 肥瘦猪肉丁加酱油、花椒水顺搅成糊，加入芸豆、葱姜末、精盐、味精、食用油、香油拌匀，制成馅料。

③ 取冷水面团搓条，下剂擀皮，包入馅料，做成水饺生坯，下入沸水锅中煮熟，捞出装盘即可。

做法支招：芸豆上笼蒸至嫩熟即可，要自然冷却，以保存芸豆的营养成分和香味。

西葫芦饺

主料 冷水面团500克，西葫芦400克，猪肉250克。

调料 葱姜末、植物油、精盐、味精各适量。

做法

① 猪肉洗净绞馅。

② 将西葫芦去皮、去子，刨成丝，放精盐稍腌，用清水漂清，挤去水分，剁碎。

③ 将西葫芦、猪肉馅、精盐、味精、植物油、葱姜末搅匀，制成馅料。

④ 将冷水面团搓条下剂，擀成饺子皮，包入馅料，捏成饺子生坯，下入沸水锅中煮熟即可。

营养小典：西葫芦具有提高免疫力、抗病毒的作用。

云南小瓜饺

主料 云南小瓜、猪肉各200克，虾仁50克，烫面团500克。

调料 盐、糖、食用油各适量。

做法

① 云南小瓜切粒，放入沸水锅焯烫片刻，捞出沥干。

② 猪肉、虾仁切小粒，与云南小瓜拌匀，加盐、糖、食用油搅匀成馅料。

③ 将烫面团搓条下剂，擀成饺子皮，将馅料包入面皮中，捏成蒸饺生坯，放入沸水蒸笼蒸10分钟即可。

做法支招：饺子馅的肉与菜比例为1:1或1:0.5为宜。

主料　冷水面团500克，猪肝、菠菜各200克，海米20克。

调料　葱姜末、香油、食用油、料酒、精盐、味精、胡椒粉、十三香粉各适量。

做法

① 将菠菜洗净，入沸水中焯一下，捞出挤干水分，剁碎；猪肝剁碎；海米泡软剁碎。

② 猪肝末加入海米、葱姜末、胡椒粉、十三香粉、料酒、食用油、精盐、味精、香油搅匀，加入菠菜末拌匀成馅。

③ 将冷水面团搓成长条，下剂擀皮，包入馅料，做成水饺生坯，下入沸水锅中煮熟即可。

营养小典：此饺补血养肝，壮骨强身。

猪肝菠菜饺

主料　冷水面团300克，猪肉末、酸菜各150克，紫菜、海米各15克。

调料　香菜段、葱末、鲜汤、料酒、精盐、酱油、味精、食用油各适量。

做法

① 酸菜、海米均剁碎；紫菜撕成小片；猪肉末、海米末、酸菜末、料酒、葱末、食用油、精盐、味精一同拌匀，制成馅料。

② 取冷水面团搓条，下剂擀皮，包入馅料，做成水饺生坯。

③ 锅内烹入鲜汤烧开，下入饺子坯煮熟，放入紫菜烧开，加酱油调味，撒上香菜段即成。

营养小典：可补充钙质，促进骨骼、牙齿的生长。

紫菜汤饺

主料　面粉500克，金针菇150克，猪肉300克。

调料　精盐、味精、食用油各适量。

做法

① 金针菇切去根部，清洗干净，用沸水汆烫，捞出投凉，沥干，切成小粒，放入小盆内，加入精盐、味精、食用油、肉馅，搅匀成饺子馅料。

② 面粉加适量水和成面团，揉匀，醒透，揪成大小均匀的剂子，擀成饺子皮，包入馅料，捏成饺子生坯，下入沸水锅中煮熟即可。

营养小典：金针菇含有丰富的优质蛋白质，其中含有多种人体必需的氨基酸，尤以精氨酸、赖氨酸含量最为丰富。精氨酸、赖氨酸能促进记忆、开发智力，对儿童有着特殊的作用。

金针菇水饺

洋葱饺

主料 面粉500克，猪肉、洋葱各200克，鸡蛋1个(约60克)。

调料 葱姜末、精盐、味精、食用油各适量。

做法

① 猪肉洗净，绞成肉馅；洋葱洗净切末，加精盐、食用油、味精、肉馅和葱姜末搅匀，制成馅料。

② 面粉加精盐、水、鸡蛋揉成面团，搓条下剂，擀成饺子皮，包入馅料，捏成饺子生坯，下入沸水锅中煮熟即可。

饮食宜忌：凡皮肤瘙痒性疾病、患眼疾、眼部充血者应少食。

牛肉水饺

主料 冷水面团500克，牛肉200克，猪膘丁50克，鸡蛋100克。

调料 葱姜末、料酒、花椒水、精盐、味精、酱油、食用油、香油、蒜泥汁各适量。

做法

① 牛肉剁成泥，加猪膘丁、酱油、料酒、鸡蛋、花椒水、精盐、味精，顺一个方向搅成糊状，加食用油、香油、葱姜末搅匀，制成馅料。

② 取冷水面团搓条，下剂擀皮，用匙板包入馅料，做成水饺生坯，下入沸水锅中煮熟，捞出装盘，蘸蒜泥汁食用。

饮食宜忌：患肝病、肾病者慎食牛肉。

玉面水饺

主料 玉米面团500克，羊肉馅、胡萝卜各200克。

调料 葱花、花椒水、酱油、食用油、盐、味精、胡椒粉各适量。

做法

① 将羊肉、胡萝卜、葱花、花椒水、酱油、盐、味精、食用油、胡椒粉拌匀。

② 取玉米面团搓条，下剂擀皮，用匙板包入馅料做成水饺生坯。

③ 锅内加水烧开，下入饺子生坯煮熟，待饺子漂起无白沫即熟。

做法支招：玉米面团是由玉米面和面粉按照1：12的比例调制而成。

主料 冷水面团500克，羊肉200克，肥瘦肉丁50克。

调料 葱末、香菜末、花椒水、胡椒粉、酱油、食用油、香油、精盐、味精各适量。

做法

① 羊肉剁成泥，加精盐、酱油、花椒水，顺一个方向搅打成糊状，加入肥瘦肉丁、胡椒粉、葱末、香菜末、味精、食用油、香油，搅成馅料。

② 取冷水面团搓条，下剂擀皮，用匙板包入馅料，制成水饺生坯，下入沸水锅中煮熟即可。

饮食宜忌：羊肉中含有丰富的蛋白质，而茶叶中含有较多的鞣酸，吃完羊肉后马上饮茶，会产生鞣酸蛋白质结合物，容易引发便秘。

羊肉水饺

主料 红曲米50克，面粉500克，鸡肉、青椒各200克。

调料 葱姜末、盐、味精、酱油、食用油各适量。

做法

① 用红曲米泡水加入面粉中调成红色面团，揉匀饧面；鸡肉、青椒均剁碎。

② 鸡肉、青椒倒大碗中，加葱姜末、酱油、盐、味精、食用油拌匀成馅料。

③ 取冷水面团搓条，下剂擀皮，包入馅料做成水饺生坯，入沸水锅煮熟即可。

营养小典：红曲米以籼稻、粳稻、糯米等稻米为原料，用红曲霉菌发酵而成，为棕红色或紫红色米粒。

红皮鸡肉水饺

主料 鲅鱼400克，猪板油丁、韭菜末各50克，冷水面团500克，鸡蛋清30克。

调料 醋、味精、精盐、花椒水、食用油、香油、胡椒粉各适量。

做法

① 鲜鲅鱼取肉，剁成泥，加入猪板油丁、花椒水、精盐、味精、胡椒粉、蛋清拌匀，再加入韭菜末、食用油、香油搅匀，制成馅料。

② 取冷水面团搓条，下剂擀皮，包入馅料，做成水饺生坯，入锅煮熟，捞出蘸醋食用即可。

营养小典：鲅鱼具有提神和防衰老等食疗功能，常食对治疗贫血、早衰、营养不良、产后虚弱和神经衰弱等症会有一定辅助疗效。

鲅鱼水饺

虾仁黄瓜水饺

主料 冷水面团500克，虾仁100克，黄瓜、鸡蛋各150克。

调料 食用油、盐、味精各适量。

做法

① 将鸡蛋打碎，入锅炒熟，盛出；黄瓜切碎，与炒鸡蛋、虾仁同放入容器中，加食用油、盐、味精拌匀成馅料。

② 取冷水面团搓条，下剂擀皮，包入馅料做成水饺生坯。

③ 锅内加水烧开，下入水饺生坯煮熟即可。

营养小典：虾的通乳作用较强，并且富含磷、钙，对小儿、孕妇尤有补益功效。

虾仁冬瓜水饺

主料 冷水面团500克，鲜虾仁、冬瓜各150克，水发木耳丁、肥瘦猪肉丁各50克。

调料 香菜末、花椒水、食用油、香油、精盐、味精各适量。

做法

① 冬瓜去皮、瓤，剁碎，挤干水分；虾仁切丁，加木耳、精盐、味精搅匀；肥瘦肉丁加花椒水、冬瓜、虾仁、香菜末、食用油、香油、精盐、味精搅匀，制成馅料。

② 取冷水面团搓条，下剂擀皮，包入馅料，做成水饺生坯，下入沸水锅中煮熟即可。

营养小典：冬瓜性寒，能养胃生津、清降胃火，促使体内淀粉、糖转化为热能，而不形成脂肪。

荠菜饺子

主料 冷水面团500克，荠菜400克，虾皮50克。

调料 精盐、味精、酱油、葱花、食用油、香油各适量。

做法

① 荠菜洗净切碎，加虾皮、精盐、味精、酱油、葱花、食用油、香油拌匀，制成馅料。

② 取冷水面团搓条，下剂擀皮，包入馅料做成水饺生坯。

③ 锅内加水烧开，下入水饺生坯煮熟即可。

饮食宜忌：脾胃虚寒、腹泻便溏者忌食荠菜。

主料 韭菜150克，绿豆芽200克，面粉500克，虾米15克。

调料 精盐、味精、葱末、姜末、香油各适量。

做法

① 韭菜洗净沥水，切末；绿豆芽洗净，剁成末；虾米放入碗中，加入温水泡好，取出沥干。

② 将绿豆芽末放入盆内，加入韭菜末、虾米、精盐、味精、葱末、姜末、香油，搅匀成馅。

③ 面粉加入适量清水和成面团，揉匀，盖上湿布醒面15分钟，稍揉几下，搓成条，揪成小面剂，擀成饺子皮，包入馅料，捏成饺子，下入沸水锅中煮熟即成。

营养小典：此水饺可补钙壮骨，润肠通便。

芽菜虾米饺

主料 冷水面团500克，南瓜300克，水发海米、水发木耳丁各50克。

调料 葱姜末、食用油、香油、精盐、味精各适量。

做法

① 南瓜去皮、去瓤，切丝，用少许盐腌拌，挤去水分，倒入盆中，加入木耳丁、海米、葱姜末、食用油、香油、精盐、味精，搅拌成馅料。

② 取冷水面团搓条，下剂擀皮，包入馅料，做成水饺生坯。下入沸水锅中煮熟，捞出装盘即成。

做法支招：南瓜丝不要挤太干，南瓜喜油，拌馅时食用油使用量可稍多些。

南瓜海米水饺

主料 冷水面团500克，莴笋、猪肉、蛤蜊各150克。

调料 葱姜末、精盐、味精、食用油各适量。

做法

① 蛤蜊煮熟，取肉切粒；莴笋去皮切细丝，挤干水分。

② 将莴笋丝、葱末、蛤蜊肉、猪肉馅同入小盆中，加入姜末、精盐、味精、食用油，顺一个方向搅匀，制成馅料。

③ 冷水面团搓条下剂，擀成饺子皮，包入馅料，捏成饺子生坯，下入沸水锅中煮熟即可。

做法支招：取蛤蜊肉时，应以小刀剖开蛤壳，剁取其肉，注意留其壳中清汁，澄清后可用。

蛤蜊水饺

卷心菜素蒸饺

主料 烫面面团500克，卷心菜200克，韭菜末、水发木耳末、虾皮、蛋皮末、水发粉丝段各50克。

调料 食用油、香油、精盐、味精各适量。

做法

① 卷心菜洗净剁碎，用精盐腌一会儿，挤干水分。

② 将剁碎的卷心菜倒入盆中，加入虾皮、韭菜末、蛋皮末、木耳末、粉丝段、食用油、香油、精盐、味精搅拌均匀，制成馅料。

③ 取烫面面团搓条，下剂，擀皮，包入馅料，做成月牙形提花蒸饺坯，上笼以中火蒸熟即成。

营养小典： 此蒸饺美容减肥，预防贫血。

芹菜蒸饺

主料 烫面面团500克，牛肉、芹菜各250克。

调料 葱末、花椒水、精盐、味精、酱油各适量。

做法

① 将芹菜洗净，取梗切碎，剁成末，加少许精盐腌一会，略挤出水分。

② 牛肉绞成肉泥，加入芹菜末、葱末、花椒水、精盐、味精、酱油拌匀，制成馅料。

③ 将烫面面团搓条，下剂擀皮，将馅料包入皮内，捏成白菜形饺子，上笼旺火蒸熟即成。

营养小典： 芹菜有清胃热、通血脉、健齿润喉、明目醒脑、润肺止咳的功效。

玉面蒸饺

主料 玉米面、面粉各250克，牛肉、萝卜各200克。

调料 葱姜末、料酒、酱油、精盐、鸡精、胡椒粉、五香粉、香油、花椒油各适量。

做法

① 萝卜去皮，洗净，剁碎，加精盐略腌，挤去水分。

② 牛肉洗净，剁成肉末，加入所有调料搅匀，再加入萝卜末拌匀，制成馅料。

③ 玉米面、面粉放入同一小盆内拌匀，加温水和成面团，略醒，搓成长条，下剂擀皮，包入馅料，捏成月牙形饺子坯，摆入蒸锅内，用旺火蒸熟即可。

营养小典： 此蒸饺可健脾化痰，除湿降浊。

莴苣牛肉蒸饺

主料 烫面面团500克，莴苣100克，牛肉200克，肥瘦肉丁50克。

调料 葱姜末、花椒水、精盐、酱油、香油、味精、胡椒粉各适量。

做法

1. 莴苣削皮洗净，切丝后剁碎；牛肉剁成泥，加肥瘦肉丁、酱油、花椒水、精盐、味精、胡椒粉、莴苣末、葱姜末、香油拌匀，制成馅料。

2. 取烫面面团搓条，下剂擀皮，将馅料包入皮内，捏成鸳鸯形生坯，上笼，旺火蒸熟即成。

营养小典：莴苣性凉，味苦、干，能通经脉、消水肿、通乳汁、利大小二便。

虾仁蒸饺

主料 澄粉300克，面粉200克，虾仁150克，肥肉丁、笋丝各50克。

调料 猪油、白糖、食用油、香油、胡椒粉、精盐、味精各适量。

做法

1. 澄粉、面粉加入热水和匀，放15分钟，加白糖、猪油揉匀，制成水晶面团。

2. 虾仁洗净；肥肉丁用开水烫至将熟，冷却后与笋丝、虾仁、面粉拌匀，加精盐、白糖、味精、食用油、香油、胡椒粉搅匀，置冰箱冷藏10分钟。

3. 水晶面团搓条下剂，按压成圆饼，包入馅料，捏成弯梳形生坯，上笼用旺火蒸熟即成。

营养小典：此蒸饺补肾壮阳，健脾化痰。

鸳鸯饺

主料 烫面面团500克，韭菜、鸡蛋液各200克，虾皮20克，红薯泥、油菜末各50克。

调料 食用油、精盐、味精各适量。

做法

1. 韭菜洗净切碎，加入生鸡蛋液、虾皮、食用油、精盐、味精拌匀，调成馅料。

2. 取烫面面团搓条，下剂擀皮，用匙板将馅料包入皮内，捏成鸳鸯形饺子生坯，在两边分别酿入红薯泥、油菜末，上笼蒸熟即成。

饮食宜忌：烫面、韭菜不易消化，患有胃病者应少食。

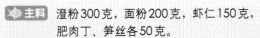

冰花煎饺

主料 烫面面团500克，鸡蛋、鲜贝肉各100克，黄瓜250克。

调料 水淀粉、精盐、味精、胡椒粉、食用油各适量。

做法

① 鸡蛋打入碗内，搅匀，炒成碎块；鲜贝肉洗净，沥干；黄瓜洗净切丝，剁碎，挤干水分。

② 将鸡蛋块、鲜贝肉、黄瓜碎馅放入盆中，加入精盐、味精、胡椒粉，搅匀成馅料。

③ 将烫面团搓成条状，擀成饺子皮，包入馅料，捏严封口，排摆在平底油锅中，煎至饺子底部成金黄色时，淋入水淀粉，盖严盖，稍焖即可。

营养小典：此煎饺降脂降压，利水祛湿。

羊肉馄饨

主料 馄饨皮300克，羊肉馅200克，水发木耳末50克，紫菜、虾皮各20克。

调料 香菜末、葱末、花椒水、胡椒粉、酱油、食用油、香油、精盐、味精各适量。

做法

① 羊肉馅加精盐、酱油、花椒水搅匀，加香菜末、葱末、木耳末、食用油、香油、味精搅成馅料。

② 取馄饨皮，包入馅料，做成馄饨生坯。

③ 锅内倒水烧开，加入虾皮、香菜末、紫菜末、香油、味精、胡椒粉调味，下入馄饨生坯煮熟即可。

饮食宜忌：吃羊肉不宜同时吃醋，因为羊肉性热，益气补虚，醋酸性温，与热性的羊肉不适宜。

牛肉馄饨

主料 馄饨皮300克，牛肉馅150克，芹菜末100克，酱牛肉丁、蛋皮丝各20克。

调料 酱油、花椒水、葱姜末、香菜末、胡椒粉、食用油、香油、精盐、味精各适量。

做法

① 牛肉馅加酱油、精盐、花椒水搅匀，加入芹菜末、葱姜末、食用油、香油、味精顺搅成馅料。

② 取馄饨皮，包入馅料，做成馄饨生坯。

③ 锅内倒水烧开，下入蛋皮丝、香菜末、胡椒粉、精盐、味精、香油调味，下入馄饨生坯煮熟，盛碗中，撒上酱牛肉丁、蛋皮丝即可。

营养小典：牛肉中的肌氨酸含量比任何其他食品都高，这使它对增长肌肉、增强力量特别有效。

主料 馄饨皮300克，肥瘦猪肉馅200克，熟鸡丝、胡萝卜末、榨菜末、紫菜各20克。

调料 鸡汤、花椒水、葱姜末、香菜末、酱油、食用油、香油、精盐、味精各适量。

做法

1. 肥瘦猪肉馅加酱油、精盐、花椒水搅匀，加葱姜末、食用油、香油、味精顺搅成馅料。

2. 取馄饨皮，用匙板包入馅料，做成馄饨生坯。

3. 锅内倒入鸡汤烧开，放入熟鸡丝、胡萝卜末、榨菜末、紫菜末、香菜末、精盐、味精、香油调味，下入馄饨生坯煮熟即可。

营养小典：鸡肉蛋白质含量较高，且易被人体吸收利用，有增强体力、强壮身体的作用。

鸡丝馄饨

主料 馄饨皮300克，鲜虾仁、水发木耳末各100克，榨菜末、紫菜末各20克。

调料 葱姜末、花椒水、香菜末、食用油、香油、精盐、味精、高汤各适量。

做法

1. 将鲜虾仁洗净，切碎，加水发木耳末、花椒水顺搅成糊，加葱姜末、精盐、味精、食用油、香油搅成馅料。

2. 取馄饨皮，用匙板包入馅料，做成馄饨生坯。

3. 锅内倒入高汤烧开，加入香菜末、榨菜末、紫菜末、精盐、味精调味，下入馄饨生坯煮熟即可。

做法支招：喜食辣味的可在汤汁中加入胡椒粉，口味更佳。

虾仁馄饨

主料 馄饨皮300克，虾仁、海参、香菇、香菜各50克，紫菜、油菜心各10克。

调料 葱姜末、香油、酱油、鸡汤、淀粉、盐各适量。

做法

1. 将虾仁剁成蓉，海参、香菇均切成丁；将虾仁蓉、海参丁、香菇丁倒入碗中，加酱油、盐、葱姜末、香油拌匀成馅料。

2. 取馄饨皮，包入馅料，做成馄饨生坯。

3. 锅中倒入鸡汤，加适量水煮沸，放入馄饨煮熟，加入油菜心、紫菜、香菜、盐、香油即可。

做法支招：馄饨皮也可以自己制作，将面团擀薄后切成四方形即可。

鸡汤馄饨

饼

玉米面饼

主料 玉米面300克，糯米粉50克，鸡蛋1个(约60克)，牛奶150毫升。

调料 食用油适量。

做法

① 用热水将玉米面调开，加入糯米粉拌匀，鸡蛋加牛奶拌匀，倒入玉米面中，搅拌成可以流动的面糊备用。

② 将玉米糊倒入平底油锅中，煎至一面焦黄即可。

营养小典：玉米面中含钙、铁质较多，可防病强身。

糯米豆沙饼

主料 糯米粉300克，面粉50克，豆沙馅250克，白芝麻50克。

做法

① 将糯米粉、面粉放入容器中，加适量水拌匀至软硬适中。

② 将拌匀的糯米粉下剂，按扁，包入豆沙馅，滚匀芝麻，按扁成圆形。

③ 将圆形糯米饼放入电饼铛煎烙至呈金黄色即可。

营养小典：糯米含有蛋白质、脂肪、糖类、钙、磷、铁、维生素B$_1$、维生素B$_2$、烟酸及淀粉等，营养丰富，为温补强壮食品。

南瓜饼

主料 南瓜200克，糯米粉、面粉各50克，豆沙馅100克。

调料 白糖适量。

做法

① 将南瓜洗净去皮，蒸熟凉透，捣烂。

② 在糯米粉里加入南瓜泥、面粉、白糖，拌匀成南瓜面团。

③ 将南瓜面团搓条，用刀切小剂，按扁，包入豆沙做成圆形，放入沸水蒸锅蒸15分钟即可。

营养小典：糯米具有补中益气、健脾养胃、止虚汗之功效。

主料 山药200克，糯米粉、面粉各50克。

调料 盐、五香粉、食用油各适量。

做法

① 将山药去皮，切块蒸熟，压成泥。

② 在山药泥中加入糯米粉、面粉、盐、五香粉、食用油拌匀，下剂，按扁成圆形。

③ 将山药饼坯放入电饼铛煎烙至两面金黄色即可。

营养小典：山药具有补虚益损的功能。

山药饼

主料 南瓜200克，面粉100克，米饭、青梅各30克。

调料 白糖、食用油各适量。

做法

① 青梅入锅煮30分钟，留汁；南瓜入锅煮熟，压成泥，加入煮青梅的水调匀。

② 南瓜泥中加入面粉、米饭、白糖调匀，做成方块形。

③ 平底锅倒油烧热，放入南瓜饼煎至焦黄即可。

营养小典：青梅有机酸含量远高于一般水果，主要是柠檬酸、苹果酸、单宁酸、苦叶酸、琥珀酸、酒石酸等，具有生津解渴、刺激食欲、消除疲劳等功效。

青梅大米南瓜饼

主料 山药400克，赤小豆、什锦果脯各100克。

调料 糖桂花、白糖、水淀粉各适量。

做法

① 将山药去皮洗净，蒸熟，放入白糖搅烂成蓉。

② 赤小豆淘洗干净，煮熟，去皮，碾成豆沙，放入白糖、糖桂花拌匀。

③ 豆沙用饭铲在盘中做成圆饼形，外边用山药蓉封严，将豆沙包在里边，山药蓉上摆放果脯丁。

④ 炒锅置火上，放入适量水和白糖，烧沸后用水淀粉勾薄芡，浇在山药饼上即成。

营养小典：山药含有皂苷、黏液质，有润滑、滋润的作用，故可益肺气、养肺阴、治疗肺虚痰嗽久咳之症。

豆沙馅饼

红枣饼

主料 红枣250克，面粉500克。

调料 白术、干姜、鸡内金、食用油各适量。

做法

1. 白术、干姜加水熬成汁，加入红枣，煮熟后捞起，去枣核，压成泥。
2. 将鸡内金磨成细粉，与面粉、盐拌匀。
3. 将面粉、枣泥、药汁揉成面团，摊成饼，下入热油锅煎成两面金黄色即可。

营养小典：枣能提高人体免疫力。

果仁豆沙甜饼

主料 澄面300克，淀粉150克，豆沙馅200克，腰果仁100克。

调料 猪油、白糖、食用油各适量。

做法

1. 将澄面、淀粉、猪油、白糖用开水烫熟和匀，醒20分钟，待发松软；每25克下一个面剂。
2. 腰果仁入热油锅炸熟，凉凉后粉碎。
3. 将豆沙馅、白糖、腰果仁调拌均匀，每15克下一个馅剂。
4. 面剂包入馅剂后压扁，封口朝下，捏出花边，上屉蒸5分钟即可。

营养小典：此饼可利尿除湿，清热解毒。

上海五仁酥饼

主料 面粉500克，核桃仁、花生仁、瓜子仁、白芝麻、松仁各25克，鸡蛋1个（约60克）。

调料 牛油、白糖、食用油各适量，

做法

1. 将面粉、牛油、鸡蛋、白糖调和在一起，揉成"油面团"；将核桃仁、花生仁、瓜子仁、白芝麻、松仁拌在一起，调成五仁料。
2. 将油面和五仁料混合在一起，揉成面团。
3. 将面团搓成长条，每35克下一个剂子，压扁制成月牙形状，两面刷少许油。
4. 烤盘刷油，排入五仁饼，放入烤箱内，烤至呈金黄色时，取出装盘即可。

营养小典：此饼可滋补肝肾，润肺健脾，化痰止咳。

主料 面粉、枣泥馅各100克，糯米粉300克，白芝麻50克。

调料 白糖、牛油、食用油各适量。

做法

① 面粉、糯米粉、白糖、牛油用冷水调匀，揉成油面团，用湿布盖严，醒40分钟。

② 将面团搓成长条，每20克下一个剂子，包入10克枣泥馅，封严口，粘上白芝麻，上屉蒸熟。

③ 平锅倒油烧热，下入芝麻饼，将两面煎至金黄色，出锅即可。

营养小典：芝麻含铁量极高，对偏食厌食有一定的调节作用，还能预防缺铁性贫血。

香煎芝麻饼

主料 苹果250克，鸡蛋1个(约60克)，面粉50克，奶油、奶粉各20克。

调料 食用油、白糖各适量。

做法

① 苹果洗净，去皮、去核，切成小丁，放入炒锅内，加奶油、白糖及少许水翻炒片刻，制成苹果酱。

② 鸡蛋加水、面粉、奶粉拌匀，摊入热油锅中制成蛋皮。

③ 将制好的苹果酱放在做好的蛋皮上，对折两次成扇形即可。

营养小典：苹果与鸡蛋搭配营养全面，味道新鲜，对缓解学习疲劳、安神增智非常有益。

苹果煎蛋饼

主料 糯米粉200克，去皮熟地瓜300克，面粉、莲蓉、枣泥馅各100克，鸡蛋液、面包糠各60克。

调料 白糖、牛油各适量。

做法

① 将糯米粉、面粉、熟地瓜、白糖、牛油搅成泥，调和成面团。

② 将莲蓉、枣泥馅拌匀成馅料。

③ 将面团搓成长条，每25克下一个面剂，按扁，包入馅料，封口捏严，压成饼形，裹匀鸡蛋液，粘面包糠，下油锅炸至金黄色即可。

做法支招：包入馅料后，封口一定要捏严，以免在炸制时漏馅，影响外观。

莲蓉枣泥饼

油煎槐花饼

主料 鲜嫩槐花500克，鸡蛋3个（约180克），面粉100克。

调料 淀粉、精盐、香油、五香粉、葱末、姜末、食用油、椒盐各适量。

做法

① 将鲜嫩槐花洗净，控干水分，切成碎末，放入碗内，加入葱末、姜末、精盐、五香粉、鸡蛋、面粉、淀粉和适量水，拌匀成糊状。

② 锅内倒油烧热，倒入槐花糊摊成饼，两面煎至金黄色时取出，切块摆盘，撒上椒盐即可。

营养小典：槐花味道清香甘甜，富含维生素和多种矿物质，同时还具有清热解毒、凉血润肺、降血压、预防脑卒中的功效。

千层蒸饼

主料 中筋面粉500克，清油酥100克。

调料 酵母、泡打粉各10克，白糖适量。

做法

① 面粉加清水、白糖、酵母、泡打粉调匀，揉成发面团，用湿布盖严，醒1小时，待松软。

② 将发面团擀成长方形薄饼，抹上清油酥，从一端卷起，用湿布盖严，再醒30分钟，均匀切段，上屉蒸熟即可。

做法支招：油酥不要抹太多，薄薄一层即可，否则会影响发酵效果。

金丝饼

主料 面粉500克。

调料 精盐、食用碱、食用油各适量。

做法

① 面粉加少许精盐和碱，用温水和成面团，揉匀后用湿布盖严，醒30分钟，待松软。

② 将醒好的面团搓成长条，用抻面的方法，反复将面抻成细丝状，刷上油，分切成份，再将每份盘圆，稍按成饼状。

③ 平锅倒油烧热，放入金丝饼坯，用中火将饼两面烙成金黄色，取出，用干净热湿布盖严，上屉再蒸2分钟，取出装盘即可。

做法支招：盘圆时，一定要顺直卷，利用面筋的拉力使其自然成塔形，否则不出丝。

主料 南瓜、土豆各200克，糯米粉、面粉各50克，莲蓉馅150克。

调料 猪油、白糖、食用油各适量。

做法

① 南瓜、土豆均去皮洗净，上屉蒸至熟烂，取出凉凉。

② 糯米粉、面粉加入南瓜、土豆、猪油、白糖搅匀，揉成面团，每25克下一个面剂，包入莲蓉馅，再制成南瓜形状。

③ 平锅倒油烧热，放入南瓜饼，将两面煎成金黄色，见鼓起熟透，出锅装盘，撒少许白糖即可。

做法支招：煎制时火力不宜过大，以小火为佳。

南瓜薯饼

主料 面粉500克，葱花150克。

调料 食用油、精盐、味精、胡椒粉各适量。

做法

① 面粉加入食用油、水、精盐、味精、胡椒粉，揉成面团，用湿布盖严，醒30分钟，待发松软。

② 每50克下一个面剂，擀成长方形，上面淋少许油，撒上葱花，由上至下卷起，再从两端向中间盘成圆，压扁呈饼状。

③ 平锅倒油烧热，放入葱油饼，将两面烙成金黄色，见起层熟透即可。

做法支招：面卷盘圆压扁时，不可用力过猛，否则烙出的饼层次不明显。

葱油饼

主料 面粉500克，熟芝麻20克。

调料 酵母、胡椒、花椒、孜然、甜面酱各适量。

做法

① 将面粉加入酵母、温水，和成面团，加盖发酵2小时。

② 将面团揪成大小一致的面剂，压成两寸大小的薄饼，将胡椒，花椒、孜然、甜面酱、盐均匀地刷在饼上。

③ 将做好的饼坯放入预热好的烤箱中层，以190℃上下火烤20分钟，取出撒上芝麻即可。

做法支招：土家饼酱料是关键，刷匀酱料，做出来的土家饼才会更加美味。

土家饼

椒盐旋饼

主料 面粉500克。

调料 酵母、花椒粉、精盐、食用油各适量。

做法

① 300克面粉加酵母、清水和成发面团；200克面粉加热开水和成烫面团；发面团与烫面团混合揉匀，擀成长方形面皮，抹匀油，撒上花椒粉、精盐，切成长条，分别由上至下卷起，拉长，从两侧盘圆，叠成一束，压扁，头尾相连，成圆形面饼。

② 平锅倒油烧热，放入旋饼，以小火煎至两面呈金黄色，再加入适量清水，盖上锅盖，以中火焖至水分收干，两面酥脆，出锅装盘即可。

营养小典：此饼可健脾开胃、增强体力。

冬瓜饼

主料 面粉500克，鸡蛋3个(约180克)，冬瓜、生菜、胡萝卜各100克。

调料 精盐、味精、香油、食用油各适量。

做法

① 面粉加入鸡蛋、清水、精盐、味精、香油，搅拌均匀，过筛成粉浆；冬瓜去皮，洗净切丝；胡萝卜、生菜均洗净切丝。

② 将冬瓜丝、胡萝卜丝、生菜丝加入粉浆中，搅拌均匀。

③ 平锅上火烧热，刷油，用手勺作量具，每勺烙一张冬瓜饼，小火将两面煎至金黄色即可。

营养小典：此饼采用了大量的蔬菜原料，所含维生素及蛋白质较高，营养又健康。

煎芹菜叶饼

主料 芹菜嫩叶150克，鸡蛋3个(约180克)，面粉50克。

调料 精盐、鸡精、胡椒粉、食用油各适量。

做法

① 芹菜叶用开水烫出，切碎装碗，加入鸡蛋、面粉、精盐、鸡精、胡椒粉和适量水拌匀。

② 平锅内加油烧热，舀入适量拌好的芹菜蛋面糊摊成饼，两面煎至金黄色，改刀装盘即成。

营养小典：芹菜叶营养素含量大都超过茎杆，如它所含的胡萝卜素是茎的88倍、维生素B_1比茎杆高17倍、维生素C高出13倍、钙高出2倍。

主料 烫面团500克，炝土豆丝300克。

调料 食用油适量。

做法

① 取烫面团搓条，下剂按扁，刷一层油，再将两个刷油扁面剂合在一起，擀皮成薄皮。

② 将薄皮放入电饼铛烙熟，取出揭开，卷入炝好的土豆丝即可。

做法支招：也可加入适量胡萝卜丝，会更加美味。

筋饼土豆丝

主料 烫面团500克，炝胡萝卜丝300克。

调料 食用油适量。

做法

① 取烫面团搓条，下剂按扁，刷一层油，再将两个刷油扁面剂合在一起，擀皮成薄皮。

② 将薄皮放入电饼铛烙熟，取出揭开，卷入炝好的胡萝卜丝即可。

营养小典：胡萝卜含有植物纤维，吸水性强，在肠道中体积容易膨胀，可加强肠道的蠕动，从而利膈宽肠、通便防癌。

筋饼胡萝卜丝

主料 白萝卜250克，面粉50克。

调料 精盐、味精、食用油、花椒盐各适量。

做法

① 将白萝卜削皮后擦成细丝，放入碗内，加入面粉、精盐、味精和适量清水，搅成糊状，做成小圆饼，即成坯料。

② 锅置火上，倒油烧至七成热，下入坯料煎呈黄色，翻身再煎另一面。待饼已熟透，溢出香味时，盛入盘内，与花椒盐同时上桌。

饮食宜忌：萝卜性偏寒凉而利肠，脾虚泄泻者慎食或少食；胃溃疡、十二指肠溃疡、慢性胃炎、单纯甲状腺肿、先兆流产、子宫脱垂等患者忌吃。

煎萝卜饼

蔬菜煎饼

主料 玉米粉、面粉各150克，南瓜、山药、甘蓝、胡萝卜、芹菜、圆白菜各50克。

调料 葱花、盐、味精、胡椒粉、食用油各适量。

做法

1. 所有蔬菜洗净，切丝；面粉、玉米粉加水拌匀成糊状，静置约30分钟，加入全部蔬菜、葱花、盐、味精、胡椒粉，拌匀成蔬菜面糊。

2. 平底锅倒油烧热，用勺子舀入蔬菜面糊，小火煎至两面金黄熟透即可。

营养小典：玉米粉中有丰富的谷胱甘肽，这是一种抗癌因子，在人体内能与多种外来的化学致癌物质相结合，使其失去毒性，通过消化道排出体外。

卷心菜培根煎饼

主料 米粉、面粉各100克，胡萝卜丝、卷心菜丝、培根丁各50克。

调料 蒜末、鸡精、盐、胡椒粉、食用油各适量。

做法

1. 面粉、米粉加水搅拌均匀成糊状，静置40分钟，加入胡萝卜丝、卷心菜丝、培根丁、蒜末、鸡精、盐、胡椒粉拌匀成卷心菜培根面糊。

2. 平底锅倒油烧热，用勺子舀入卷心菜培根面糊，小火煎至两面皆金黄熟透即可。

营养小典：卷心菜含有蛋白质、膳食纤维、维生素C等多种营养素，其中的膳食纤维可以促进胃壁黏膜再生，具有降低血脂、预防心血管阻塞的作用。

叉烧酥饼

主料 面粉500克，叉烧肉250克，冬笋、芝麻、鸡蛋液各50克。

调料 叉烧酱、牛油各适量。

做法

1. 叉烧肉、冬笋均切片，加入叉烧酱拌匀成馅料。

2. 将150克面粉加入牛油拌匀，做成油酥，放入冰箱冷藏15分钟。

3. 将剩余的面粉加温水调和，揉成面团，稍醒发，擀成皮，包入油酥，擀成长方形，用小碗作模，扣出圆形面饼，放入叉烧馅料，对折成半圆形，刷蛋液，粘芝麻，放入预热好的烤箱以180℃上下火烤至外表呈金黄色即可。

做法支招：叉烧酱可在超市或大型农贸市场购得。

主料　面粉500克，猪肉馅300克，香葱末200克。

调料　姜末、生抽、料酒、精盐、香油、胡椒粉、食用油各适量。

做法

① 将猪肉馅放入盆中，加入香葱末、姜末、生抽、料酒、精盐、香油、胡椒粉，调匀成馅。

② 将面粉加水和成面团，醒发40分钟，搓成长条，下剂，擀成圆形的薄饼，将饼的一半抹上馅，再将另一半饼皮盖在馅上，呈半圆形，然后将半圆形饼对折成扇形，捏出花边，封严口。

③ 平锅倒油烧热，下入肉饼，将两面煎成金黄色，烙至熟透，出锅改刀，装盘即可。

营养小典：适用于营养不良、脾胃失调、乳汁缺少等。

京都肉饼

主料　烫面团500克，炒肉丝300克。

调料　食用油适量。

做法

① 取烫面团搓条，下剂按扁，刷油，再将两个刷油扁面剂合在一起擀成薄皮。

② 将薄面皮放入电饼铛烙熟，取出，揭开，卷入炒好的肉丝即可。

做法支招：给肉丝上浆时要加适量淀粉和水，使肉丝表面有一层保护膜，而且水会渗透进肉丝，使肉丝炒出来嫩一些。

筋饼肉丝

主料　紫甘蓝700克，鸡蛋150克，虾仁100克，金针菇、猪肉末、面粉各50克。

调料　蒜末、葱花、精盐、白糖、酱油、蚝油、食用油各适量。

做法

① 将紫甘蓝洗净切丝，加入虾仁、鸡蛋、精盐搅拌均匀，再放入面粉、葱花拌匀，倒入平底锅中摊成饼，煎熟，取出切块。

② 炒锅倒油烧热，下蒜末、肉末煸香，加蚝油、精盐、酱油、白糖、水烩成汤汁，放入金针菇和煎好的饼炖5分钟即可。

营养小典：200克紫甘蓝中所含有维生素C的量是一个柑橘的两倍。

甘蓝海鲜饼

牡蛎煎饼

主料 中筋面粉150克，鸡蛋3个(约180克)，牡蛎100克。

调料 香葱末50克，精盐、味精、香油、胡椒粉各适量。

做法

① 中筋面粉加鸡蛋调匀。

② 牡蛎洗净，焯水处理后取肉，加入精盐、味精、香油、胡椒粉、香葱末拌匀，倒入鸡蛋面中调成糊。

③ 平底锅上火，倒油烧热，下入牡蛎面饼，用小火煎至两面金黄色熟透，出锅装盘即可。

做法支招：煎制时火力不要太旺，并要不停晃动锅，使其受热均匀。

清蒸豆腐饼

主料 豆腐泥、面粉各200克，牛肉馅150克，水发香菇、松仁各20克，鸡蛋1个(约60克)。

调料 盐、葱末、蒜末、香油、胡椒粉、糖各适量。

做法

① 将牛肉馅、豆腐泥、面粉拌匀，磕入鸡蛋，加入盐、葱末、蒜末、香油、胡椒粉、糖搅拌均匀，制成豆腐饼；香菇去蒂，洗净。

② 在豆腐饼表面撒上香菇、松仁做装饰，放入锅内蒸熟，盛出凉凉，切成小块即可。

做法支招：牛肉要尽量剁成泥状，做出的饼才好吃。

蜜汁薯饼

主料 土豆泥300克，枣蓉、面粉各100克，鸡蛋25克。

调料 食用油、白糖、香草精各适量。

做法

① 将土豆泥加面粉、鸡蛋拌匀，搓成条，擀薄摊平，中间包枣蓉馅，做成棋子形圆饼。

② 锅中倒油烧热，放入土豆饼炸呈金黄色，捞出。

③ 锅中倒入适量水，放入白糖，小火加热，熬至汤汁黏稠，放入炸好的土豆饼，轻转锅，使糖汁挂在土豆饼上，再轻翻锅，再轻转锅，使糖汁浓稠，点上香草精，摆盘即可。

营养小典：土豆所含膳食纤维细腻不伤胃，对胃炎、胃溃疡、十二指肠溃疡等患者有良好的食疗效果。

主料 嫩藕500克，糖腌猪板油丁200克，面粉100克。

调料 食用油、玫瑰糖、糖桂花各适量。

做法

① 嫩藕去皮洗净，擦成蓉，加面粉、水和匀，制成生坯；糖腌板油丁加糖桂花拌匀，包入生坯中，做成圆饼。

② 锅中倒油烧至五成热，放入藕饼，中火煎至一面金黄，翻身煎另一面，煎熟盛入盘内，撒上玫瑰糖即成。

营养小典：此饼益胃健脾，养血补虚，益气通乳。

水晶藕饼

主料 澄面100克，面粉、糯米粉各200克，豆沙馅300克。

调料 白糖、猪油、食用油各适量。

做法

① 用沸水将澄面烫熟；将白糖、猪油、水调和均匀，加入面粉、糯米粉和烫熟的澄面，揉成面团，用湿布盖严，醒发40分钟，搓成长条，下剂，包入豆沙馅，捏紧封口，压扁，上屉蒸5分钟出锅。

② 平锅倒油烧热，放入蒸好的小黏饼，将两面煎至金黄色，出锅装盘即可。

营养小典：此饼温暖脾胃，补中益气。

风味小黏饼

主料 韭菜、鸡蛋各150克，面粉500克。

调料 精盐、鸡精、胡椒粉、食用油各适量。

做法

① 韭菜洗净，切碎；鸡蛋磕入碗中打散，倒入热油锅炒成蛋块，盛出；韭菜、鸡蛋倒入大碗中，加精盐、鸡精、胡椒粉、食用油拌匀，制成馅料。

② 面粉中倒入沸水，搅拌成块状，再分次加入清水和少许精盐，搅拌均匀，揉成面团，稍醒，下剂擀皮，包入馅料，封口收边，呈半月形。

③ 平锅倒油烧热，放入韭菜盒子生坯，将两面煎至金黄色即可。

营养小典：韭菜性温、味甘辛，有温中行气、健胃提神、益肾壮阳、暖腰膝等功效。

韭菜盒子

海城馅饼

主料 面粉500克，牛肉馅、芹菜各200克。

调料 葱花、姜末、食用油、精盐、味精、花椒粉各适量。

做法

① 面粉倒入盆中，加温开水搅匀，揉成面团；芹菜洗净切末，挤干水分，加入牛肉馅、食用油、精盐、味精、花椒粉、葱花、姜末拌匀成馅。

② 面团搓成条，下剂拍扁，包入牛肉馅，再压扁，封口朝下，擀成圆饼。

③ 平锅倒油烧热，放入馅饼烙至两面金黄色，见鼓起熟透，出锅装盘即可。

营养小典： 牛肉适用于中气下陷、气短体虚、筋骨酸软和贫血久病及面黄目眩之人食用。

麻酱烧饼

主料 中筋面粉500克，芝麻酱100克，芝麻50克。

调料 酵母粉、香油、花椒粉、食用油各适量。

做法

① 面粉中放入用酵母粉和温水调匀的酵母水、香油及清水，揉匀，制成面团，用湿布盖严，醒发1小时；芝麻酱、花椒粉加清水调匀。

② 将面团擀成长方形薄片，均匀地抹上调好的芝麻酱，顺长卷起，揪成面剂，剂口朝上按扁，擀成圆饼，表皮粘上芝麻。

③ 烤盘内刷一层油，排入烧饼，放入烤箱中层，以200℃上下火烤25分钟左右即可。

营养小典： 芝麻酱中含钙量仅次于虾皮，经常食用对骨骼、牙齿的发育都大有益处。

香炸土豆饼

主料 土豆300克，面粉250克，鸡蛋3个（约180克）。

调料 精盐、味精、食用油各适量。

做法

① 土豆去皮洗净，切丝，入沸水锅煮至八成熟，盛出沥水，加入鸡蛋、面粉、精盐、味精、食用油和适量水搅拌均匀成土豆饼糊。

② 平底锅倒油烧热，用勺舀入土豆饼糊，煎至两面呈金黄色即可。

做法支招： 切好的土豆丝或片不能长时间浸泡，泡太久会造成水溶性维生素等营养流失。

其他

主料 面粉500克，菠菜汁适量。

调料 食用油适量。

做法

① 面粉加菠菜汁、适量水拌匀，揉成面团，醒发40分钟。

② 将面团搓成长条，擀成长方形片，刷上油，卷起，再醒发15分钟，上笼蒸熟即可。

做法支招：面皮要薄，花卷的形状才好看。

翠色花卷

主料 全麦粉、黑米粉各250克。

调料 酵母适量。

做法

① 全麦粉与黑米粉放盆中，加入酵母和适量水拌匀，揉成光滑的面团，盖上保鲜膜，放温暖处醒发40分钟。

② 将醒发好的面团再次揉搓均匀，搓成长粗条，分割成份，每份分别揉搓长圆，成馒头生坯。

③ 将馒头生坯放入蒸笼蒸20分钟至熟即可。

营养小典：黑米所含锰、锌、铜等无机盐大都比大米高1～3倍；更含有大米所缺乏的维生素C、叶绿素、花青素、胡萝卜素及强心苷等特殊成分。

黑米馒头

主料 面团300克，豆沙馅150克。

调料 白糖适量。

做法

① 面团分成两份，一份加入豆沙、白糖和匀，另一份揉匀。

② 将掺有豆沙的面团和另一份面团均搓成长条，擀成长薄片，喷上少许水，叠放在一起。

③ 从边缘开始卷成均匀的圆筒形，切成馒头生坯，醒发15分钟，入锅蒸熟即可。

做法支招：蒸的时候不要摆放得过于密集，要留出体积膨胀的空间。

豆沙双色馒头

糖酥火烧

主料 面粉500克，鸡蛋2个(约120克)，糖稀50克，黑芝麻20克。

调料 白糖、酵母、食用油各适量。

做法

① 将面粉、白糖、酵母、鸡蛋和适量水拌匀和成面团。

② 将面团搓成长条，下剂，擀成厚片，放入蒸锅蒸15分钟。

③ 锅中倒油烧热，放入蒸制好的面饼炸至呈金黄色，盛出，在上面刷上糖稀，撒上黑芝麻即可。

做法支招：配料加入花生米、核桃仁、青红丝等，可使糖酥火烧的味道更加鲜美。

油酥火烧

主料 面粉400克，黄米面100克。

调料 精盐、食用油各适量。

做法

① 将黄米面、精盐、食用油拌匀，制成油酥。

② 将面粉加水和成面团，揉光稍醒发，擀匀，放上油酥面，擀匀卷起，揪成面剂，用手按平，擀成火烧生坯。

③ 将火烧生坯放入预热好的烤箱中层，以210℃上下火烘烤，及时抹油，待烧饼两面烤至微黄即可。

做法支招：根据自己喜好，还可灌入鸡蛋，做成油酥鸡蛋火烧。

平度火烧

主料 面粉500克。

调料 盐、花椒粉、芝麻酱各适量。

做法

① 面粉加适量温水和成面团，醒发30分钟。

② 盐和花椒粉一起放入小碗中搅拌均匀。

③ 面团擀成大片，抹上芝麻酱，均匀的撒上花椒粉、盐，卷成长条，再切成大小合适均匀的段，压扁做成小火烧，用电饼铛烤熟即可。

营养小典：外焦里嫩，香酥可口。

主料 发酵面团500克，猪肉馅、洋葱各200克。

调料 食用油、酱油、葱花、姜末、盐、味精各适量。

做法

① 洋葱切碎；猪肉馅加入食用油、酱油、葱花、姜末、盐、味精拌匀，加入洋葱，搅拌均匀成馅料。

② 将发酵面团下剂，按扁，包入调好的肉馅，压扁成饼状。

③ 电饼铛内刷少许油加热，放入包好的肉馅饼，煎烙至两面金黄色即可。

做法支招：判断面团是否醒发好，只要手插入后面团不回缩即可。

肉火烧

主料 发酵面团500克，广式腊肠300克。

做法

① 取发酵面团下剂，搓成长条。

② 将长条面缠绕在腊肠上，醒发上屉蒸10分钟即成。

做法支招：选购腊肠首先要腊肠外表干燥，肉色鲜明，如果瘦肉成黑色，肥肉成深黄色，且散发出异味，表示已过期，不要购买。

广式腊肠卷

主料 五花肉馅、面粉各200克，鸡蛋3个(约180克)。

调料 水淀粉、葱姜末、盐、料酒、味精、香油、食用油各适量。

做法

① 将五花肉馅、面粉、葱姜末、料酒、盐、味精、水淀粉、香油搅拌均匀，制成馅料。

② 鸡蛋加盐调匀，倒入热油锅摊成鸡蛋皮，小心盛出，将馅料放在蛋皮上，从两头卷起卷成如意卷，放入蒸锅蒸透，凉凉，切成段。

③ 炒锅倒油烧热，放入如意段炸成金黄色即可。

做法支招：摊鸡蛋皮注意不要用大火，一定要小火。

炸如意卷

牛肉夹馍

主料 面粉500克，酱牛肉、青椒、红椒各100克，番茄50克。

调料 香菜末、酵母各适量。

做法

① 将面粉加入酵母、温水，和成面团，发酵2小时，搓条，揪成面剂，压成饼状，用烤箱烤至两面焦黄，取出。

② 酱牛肉、青椒、红椒均切丁；番茄切片。

③ 将做好的馍片开，放上番茄片，夹入酱牛肉、青椒、红椒、香菜末即可。

营养小典：酱牛肉有补中益气、滋养脾胃、强健筋骨、化痰息风、止渴止涎的功效。

鱼肉蒸糕

主料 鱼肉、面粉各200克，洋葱50克，鸡蛋1个（约60克）。

调料 盐适量。

做法

① 将鱼肉洗净，去刺，切成适当大小，加洋葱、鸡蛋、盐拌匀，放入搅拌器打成糊，倒出，加入面粉拌匀。

② 将拌好的鱼肉面糊做成不同形状，放在锅里蒸十分钟即可。

做法支招：蒸鱼或蒸肉时待蒸锅的水开了以后再上蒸屉，能使鱼或肉外部突然遇到高温蒸气而立即收缩，内部鲜汁不外流，熟后味道鲜美，有光泽。

芒果糯米糕

主料 糯米粉350克，面粉50克，芒果100克。

调料 白糖、红豆沙各适量。

做法

① 将糯米粉、面粉加水、白糖揉好，上锅蒸熟，取出，凉凉切块；芒果去皮，取肉，切粒。

② 在糯米粉块的中间夹一层红豆沙，放入蒸锅蒸5分钟。

③ 取出糯米糕待凉后，放上芒果粒食用即可。

做法支招：一定要等糯米糕凉后再放上芒果，不然会破坏芒果的风味。

主料 糯米粉、面粉各150克,糯米、腰果各50克。

调料 糖、食用油各适量。

做法

① 糯米洗净,用水泡6小时,捞出沥水,入锅蒸30分钟,备用。

② 糯米粉、面粉加适量水拌匀成面团,切成方块,蘸匀糯米,在一面压上腰果,成糍粑生坯。

③ 将糍粑生坯放入蒸锅,蒸熟即可。

做法支招:也可以放入热油锅炸熟,这样腰果会更脆。

腰果糍粑

主料 糯米粉、面粉各150克,糯米、葡萄干各50克。

做法

① 糯米洗净,用水泡6小时,捞出沥水,入锅蒸30分钟,备用;葡萄干洗净。

② 糯米粉、面粉加适量水拌匀成面团,切成长方块,蘸匀糯米,在一面压上葡萄干,成糍粑生坯。

③ 将糍粑生坯放入蒸锅,蒸熟即可。

做法支招:也可以加入如青梅、蔓越莓等其他果类干品。

葡萄干糍粑

主料 面粉300克,苹果100克,芝麻50克。

调料 白糖、水淀粉、猪油、食用油各适量。

做法

① 将2/3的面粉加猪油、清水揉成水油面;1/3的面粉加猪油揉成干油酥;苹果削皮切丁。

② 锅中倒油烧热,放入白糖、苹果炒熟,加水淀粉收汁,盛出,加入白芝麻拌匀成馅。

③ 将水油面和干油酥分成小团,水油面中包入干油酥,中间包入馅心,捏成苹果酥坯,放入预热的烤箱中层,以200℃上下火烤熟即成。

做法支招:苹果丁略炒即可,炒得过久就会化成水了。

苹果酥

葡萄桃酥

主料 面粉100克，玉米粉50克，鸡蛋2个(约120克)，奶粉2大匙，葡萄干适量。

调料 糖粉、泡打粉、食用小苏打、食用油各适量。

做法

① 葡萄干加温水泡20分钟；糖粉放入食用油中搅拌，再磕入鸡蛋继续搅拌均匀。

② 面粉、玉米粉、奶粉、泡打粉、小苏打粉混合，过筛后加入到搅好的油蛋液里，翻拌混合成面团，分成小剂子，团成球状，按扁，放烤盘上，撒上葡萄干，入180℃烤箱上层烤20分钟即成。

做法支招：奶粉的作用是增香，如无奶粉，也可不放。

糯米团子

主料 糯米粉400克，面粉50克，芝麻25克，果料(金糕丁、瓜仁丁、核桃丁)适量。

调料 白糖、糖粉各适量。

做法

① 芝麻加白糖、果料，调匀成馅；糯米粉、面团加适量水和匀成面团。

② 将糯米面团搓成长条，下剂，按成小片，包入馅，滚上糖粉，放入预热的烤箱，以180℃上下火烤15分钟即可。

做法支招：包馅时口要封严。

糯米糕

主料 糯米400克，熟面粉50克，去核红枣50克。

调料 白糖、食用油各适量。

做法

① 将去核红枣洗净，入笼蒸20分钟；糯米淘洗干净，用温水浸泡3小时后，加适量白糖，入笼屉蒸熟。

② 将蒸熟的糯米饭入臼中，用木棒捣黏，加入红枣、熟面粉揉匀成糯米糕坯。

③ 将糯米糕放入涂有油的不锈钢平盘中，按实，凉后倒在案板上，切块即可。

做法支招：食时可以再加热，蘸绵白糖食用，也可入热油锅炸成金黄色后食用。

主料 面粉500克。

调料 盐、食用碱、食用油各适量。

做法

① 盐、食用碱加水融化，倒入面粉中，加油拌匀，和成面团，揉搓均匀。

② 将面团放在案板上，先用刀切成条状，一手按面，一手将面拉长拉薄，用刀切成长3厘米、宽2厘米左右的小块。两块合在一起，在中间切一小口，放入油锅中炸至呈金黄色时捞出，控净油，摆放在盘中即成。

做法支招：面团的比例要合适，揉透；面剂要揪得均匀；油温要掌握好。

焦圈

主料 面粉500克，鲜姜、朱古力彩针各20克。

调料 白糖、糖桂花、食用油各适量。

做法

① 将面粉加水和成面团，擀成薄片，切成大面片，两片合在一起，在中间切上三刀，翻成排叉生坯。

② 姜去皮，切成细丝，煮成鲜姜水，加入白糖、糖桂花煮至黏稠，转小火续煮(俗称蜜锅)。

③ 将排叉生坯放入热油锅中炸透，至呈金黄色时捞出，控净油，再放入蜜锅中蘸过蜜捞出，撒上朱古力彩针，凉凉即成。

做法支招：面片薄厚、大小要均匀；蜜锅里蜜汁浓度要适当。

姜汁排叉

主料 面粉500克，鸡蛋、芝麻各50克。

调料 白糖、食用油、食用碱各适量。

做法

① 取一容器，将鸡蛋、白糖、食用碱、食用油和适量水搅匀，倒入面粉，和成面团，揉匀，揪成小剂，揉成小球，沾上芝麻，成开口笑生坯。

② 锅中倒油烧至四五成热，放入开口笑生坯炸至呈金黄色、熟透且自然裂开口时捞出，控净油，摆放在盘里即成。

做法支招：刚下锅时需要高温(160℃左右)，为的是炸开花，之后火候要小一些，为的是炸透、酥脆。

开口笑

PART 3

滋养汤煲

素汤

菱角汤

主料 鲜菱角300克。

调料 盐适量。

做法

① 鲜菱角洗净，连壳带肉一切两半。

② 锅中倒水烧沸，放入菱角，大火烧沸，转小火熬成浓汤，加盐调味即可。

营养小典：菱角含有丰富的蛋白质、不饱和脂肪酸及多种维生素和微量元素，具有利尿通乳、止消渴、解酒毒的功效。

白果莲子汤

主料 白果、莲子各100克。

调料 白糖适量。

做法

① 白果入锅炒熟，去壳；莲子洗净。

② 将莲子入锅，加水煮至将熟，加入白果仁一同煮熟，加白糖调味即可。

营养小典：此汤养心益肾，涩精止遗。

主料　黑芝麻、核桃肉各50克，柏子仁5克。

调料　蜂蜜适量。

做法

❶ 将黑芝麻、核桃肉、柏子仁一同捣烂成泥。

❷ 锅中倒入适量水，放入芝麻核桃泥，煮沸，加蜂蜜调匀即可。

营养小典：*此汤补益肝肾，养血安神，润肠通便。*

芝麻核桃汤

主料　核桃仁100克，干山楂20克。

调料　红糖适量。

做法

❶ 将核桃仁、干山楂用水浸至软化，放入搅拌机打碎，加入适量水，过滤去渣。

❷ 将滤液倒入锅中，煮沸，加入红糖调味即可。

营养小典：*此汤通润血脉，开胃健脾。*

核桃仁干山楂汤

主料　红豆200克，带皮老姜30克，米酒3000毫升。

调料　红糖适量。

做法

❶ 将红豆泡入米酒水中，加盖泡8小时。

❷ 老姜切成丝，放入已泡好的红豆中。

❸ 锅中倒入适量水，倒入红豆、姜丝，大火煮滚后，加盖转中火继续煮20分钟，转小火再煮1小时，熄火，加入红糖拌匀即可。

做法支招：*此汤甜度可随个人的口味来增减。*

红豆汤

枸杞枣豆汤

主料 黑豆100克,枸杞子、红枣各20克。

调料 盐少许。

做法

① 黑豆洗净,浸泡2小时,捞出沥水。

② 红枣洗净去核,同黑豆、枸杞子一起放入锅内加入适量清水,小火煮至黑豆熟,加盐调味即可。

营养小典:此汤可补益肝肾,养精明目。

酸枣开胃汤

主料 酸枣100克。

调料 白糖适量。

做法

① 酸枣洗净,去核。

② 将酸枣放入锅内,加适量水,小火煮1小时,加入白糖即可。

营养小典:此汤清新可口,健脾胃,对于急慢性肝炎、心烦意乱等症有一定疗效。

香菇红枣汤

主料 大枣、干香菇各50克。

调料 精盐、料酒、味精、姜片、食用油各适量。

做法

① 将去核大枣洗净。

② 干香菇用温水泡至软涨,捞出洗去泥沙。

③ 将泡香菇的水注入盅内,放入香菇、大枣、精盐、味精、料酒、姜片、食用油及少许水,隔水炖熟即可。

营养小典:此汤强身健体,延年益寿。

主料 牛奶300毫升，嫩韭菜、姜片各30克。

调料 盐适量。

做法

① 嫩韭菜、姜片均洗净。

② 用干净纱布包好嫩韭菜、姜片，压出汁液，待用。

③ 锅内倒入牛奶，倒入韭菜汁烧开，加适量盐调味即成。

营养小典：此汤壮阳、保肝、补肾，防遗精、早泄。

韭姜牛乳补肾汤

主料 苦瓜、绿豆各100克。

调料 白糖适量。

做法

① 苦瓜洗净，剥开去瓤，切片；绿豆洗净，浸泡2小时。

② 锅中倒入适量水，放入绿豆煮至开花，倒入苦瓜煮烂，加白糖调味，凉后饮汤吃豆及瓜。

饮食宜忌：苦瓜性凉，脾胃虚寒者不宜食用。

苦瓜绿豆汤

主料 红苋菜200克，绿豆50克。

调料 盐、鸡精各适量。

做法

① 将红苋菜洗净，切段；绿豆洗净，浸泡2小时。

② 锅中放绿豆和适量水，煮至开花，放红苋菜、盐、鸡精，再开锅即可。

营养小典：苋菜富含易被人体吸收的钙质，可预防肌肉痉挛。

红苋绿豆汤

苹果蔬菜浓汤

🐟 **主料** 菠菜、苹果、西蓝花、胡萝卜各50克，牛奶300毫升。

🥒 **调料** 盐、胡椒粉、香菜末各适量。

🥣 **做法**

❶ 胡萝卜去皮切丁；西蓝花洗净切小朵。

❷ 菠菜洗净切段，苹果去皮切丁，一同放入果汁机中，加牛奶搅打成汁。

❸ 锅中倒入适量水烧沸，加入打好的果蔬汁搅匀，放入西蓝花、胡萝卜丁煮熟，调入盐、胡椒粉，煮至滚沸，点缀香菜末即可。

做法支招：菠菜选择杆粗、叶少的为佳。

蔬菜米汤

🐟 **主料** 大米、土豆、胡萝卜各50克。

🥒 **调料** 盐、味精各适量。

🥣 **做法**

❶ 将大米淘净并用水泡好；土豆、胡萝卜均去皮洗净，切成小块。

❷ 将大米和切好的蔬菜倒入锅中，加适量水，大火煮沸，转小火煮至米粒开花，加盐、味精调味即可。

营养小典：每天多吃土豆，可以减少脂肪摄入，让身体把多余脂肪渐渐代谢掉。

豆腐汤

🐟 **主料** 豆腐200克，韭菜20克。

🥒 **调料** 酱油、素高汤各适量。

🥣 **做法**

❶ 豆腐切块，放入沸水锅焯烫后捞出，切块；韭菜洗净，切段。

❷ 将豆腐块和素高汤一起倒入锅中煮沸，放入韭菜，用少量酱油调味即可。

营养小典：豆腐高蛋白、低脂肪，具有降血压、降血脂、降胆固醇的功效。

主料　菜心200克，鸡蛋2个(约120克)。

调料　素高汤、盐各适量。

做法

① 菜心洗净切段；鸡蛋磕开打散。

② 素高汤倒入锅中，加适量水烧开，放入菜心及少量盐，待水开后略煮一会儿，淋入蛋液，煮沸即可。

营养小典：鸡蛋的蛋黄中含有较多的胆固醇及卵磷脂，这两种营养物质都是神经系统正常发育所必需的。

菜心蛋花汤

主料　冬笋、豆腐、水发木耳、榨菜各50克。

调料　葱姜末、酱油、醋、盐各适量。

做法

① 冬笋、水发木耳、豆腐均洗净后切细丝；榨菜用冷水浸泡1小时，捞出沥干，切丝。

② 锅中倒适量水，放入冬笋丝煮沸，放入豆腐丝、木耳丝、榨菜丝，加入盐，再次煮沸后，放葱姜末、酱油、醋，煮沸即可。

营养小典：竹笋味甘、微苦，性寒，能化痰下气、清热除烦、通利二便。

四丝汤

主料　芹菜、番茄、紫菜、荸荠各50克，洋葱20克。

调料　盐、味精各适量。

做法

① 荸荠削皮洗净；芹菜去蒂洗净，切段。

② 紫菜用湿水浸泡，除去泥沙；番茄洗净，切片；洋葱去蒂、去皮，切细丝。

③ 炒锅内注入适量水，放入以上主料，大火烧开，调入盐、味精，小火煮1小时即成。

营养小典：荸荠可开胃消食，治呃逆，消积食，饭后宜食此果。

荸荠芹菜降压汤

杞子南瓜汤

主料 嫩南瓜100克，枸杞子、银杏、芹菜末各20克。

调料 精盐、素高汤各适量。

做法

1. 嫩南瓜去瓤、去子，带皮切块；枸杞子、银杏均洗净。

2. 汤煲中倒入素高汤煮沸，放入南瓜、枸杞子、银杏，撒入适量精盐，大火煮开，转至小火煮5分钟，撒入碎芹菜末稍煮即可。

营养小典：此汤滋肝补肾，安神明目，补中益气。

黄豆芽干菜汤

主料 黄豆芽150克，干紫菜20克。

调料 蒜末、盐、味精、香油各适量。

做法

1. 干紫菜泡发后择洗干净，撕成小块；黄豆芽洗净。

2. 锅中加入清水，加入紫菜和黄豆芽，大火煮沸，改小火焖煮1分钟，调入蒜末、盐、味精、香油，搅拌均匀即可。

营养小典：此汤可防止动脉硬化，对甲状腺肿大、淋巴结核、气管炎等症有较好的疗效。

蛋花木耳汤

主料 鸡蛋2个(约120克)，水发木耳100克。

调料 葱花、姜末、胡椒粉、味精、精盐、香油、水淀粉、食用油各适量。

做法

1. 水发木耳洗净；鸡蛋磕入碗中打成蛋液；将葱花、胡椒粉、味精、香油放入汤碗内。

2. 锅置旺火上，倒油烧热，放入姜末炒香，倒入适量水，加精盐，大火烧沸，放入木耳煮沸，用水淀粉勾薄芡，淋入蛋液，略搅成蛋花，起锅倒入汤碗内即成。

营养小典：一个鸡蛋所含的热量，相当于半个苹果或半杯牛奶的热量，但它还含有丰富的钙、磷、铁、维生素A、维生素D及B族维生素。

番茄鸡蛋汤

主料 番茄100克，洋葱20克，鸡蛋2个（约120克）。

调料 海带清汤、盐、白糖各适量。

做法

① 将番茄去皮、去瓤，切成小块；鸡蛋磕入碗中搅匀。

② 将洋葱切碎，放入锅中，加入海带清汤、白糖、盐同煮，煮至洋葱熟烂，加入番茄，淋入鸡蛋液即可。

营养小典：鸡蛋中蛋氨酸含量特别丰富，而谷类和豆类都缺乏这种人体必需的氨基酸。

空心粉番茄汤

主料 番茄300克，空心粉200克。

调料 干酪碎、盐、鸡精各适量。

做法

① 将空心粉入锅煮至八成熟，捞出沥水；番茄去皮、去瓤，放入榨汁机榨成汁。

② 将空心粉、番茄汁、鸡精放入锅中同煮至空心粉熟，加盐调味，撒上干酪碎即可。

营养小典：通心粉的种类很多，一般都是选用淀粉质丰富的粮食经粉碎、胶化、加味、挤压、烘干而制成各种各样的面类食品。

豆腐酱汤

主料 豆腐200克。

调料 海带清汤、大酱、葱花各适量。

做法

① 将豆腐切成小块，放入沸水锅焯烫后捞出。

② 将豆腐、海带清汤倒入锅中，加入大酱煮10分钟，撒上葱花即可。

营养小典：大豆加工制成大酱，加工过程中由于酶的作用，促使豆中更多的磷、钙、铁等矿物质被释放出来，提高了人体对大豆中矿物质的吸收率。

萝卜胡萝卜汤

主料 胡萝卜、萝卜各100克。

调料 海带清汤、酱油各适量。

做法

① 将萝卜和胡萝卜均去皮，切成小丁。

② 锅中倒入海带清汤，放入萝卜、胡萝卜，大火煮沸，转中火煮熟，用酱油调味即可。

营养小典：此汤利水祛湿，化痰止咳。

蚕豆素鸡汤

主料 素鸡、鲜蘑、蚕豆、金针菇各50克。

调料 食用油、盐、味精各适量。

做法

① 将鲜蘑与金针菇洗净，放入温水中稍泡；蚕豆剥皮洗净，素鸡切段。

② 锅中倒油烧热，下入素鸡炒至泛白，加入适量水，放入蚕豆、金针菇、香菇共煮至熟，加盐、味精调味即可。

营养小典：此汤健脾利尿，益气消肿，养胃。

蘑菇汤

主料 蟹味菇、韭菜、裙带菜各50克，熟芝麻10克。

调料 葱丝、素高汤、辣椒油、精盐各适量。

做法

① 将蟹味菇撕开洗净；韭菜切段；裙带菜放入水中浸泡，去掉盐分，切片。

② 锅中倒水烧沸，放入素高汤，倒入蟹味菇、韭菜、裙带菜煮熟，调入精盐推匀，淋辣椒油，撒上葱丝、熟芝麻即可。

饮食宜忌：菌类生食易导致腹痛、中毒，要完全煮熟后才可食用。

畜肉汤

主料 猪瘦肉250克，枸杞子10克。

调料 盐、葱花各适量。

做法

① 将猪瘦肉用温水洗净，切大块；枸杞子洗净。

② 锅置火上，放少量开水，加入枸杞子、猪瘦肉，大火烧开，改小火煮烂，加盐调味，撒葱花即可。

营养小典：最适合吃枸杞子的是体质虚弱、抵抗力差的人，而且一定要长期坚持，每天吃一点，才能见效。健康的成年人每天吃2克左右的枸杞子比较合适。

枸杞子瘦肉强身汤

主料 黄瓜100克，猪肉200克，鸡蛋清30克。

调料 葱姜末、盐、味精、花椒水各适量。

做法

① 猪肉洗净剁成泥，与鸡蛋清、葱姜末、盐和少量水混合在一起均匀搅拌，做成丸子；黄瓜洗净，切片。

② 锅中加入适量水煮沸，放入丸子，大火煮沸，撇去表面浮沫，转中火煮至丸子熟透，加入黄瓜片、盐、味精、花椒水，再次煮沸即可。

做法支招：在搅拌肉泥时，应使泥子顺一个方向进行机械运动，使肉泥吸收水分，才会上劲。

丸子黄瓜汤

主料 茄子、猪肉各150克。

调料 酱油、蒜末、香葱末、食用油、精盐、味精、料酒、高汤各适量。

做法

① 茄子洗净去蒂，切长条；猪肉洗净，剁成肉末。

② 锅内倒入少许油烧热，下入茄条煎至脱水。

③ 另锅倒油烧热，下入肉末炒匀，加蒜末、酱油炒至上色，加入煎好的茄条，烹入料酒翻炒片刻，倒入高汤煮开，加入精盐、味精调味，撒上香葱末即可。

营养小典：此汤补五脏，祛风通络，消肿宽肠。

肉末茄条汤

尕里脊片汤

主料 猪里脊肉、黄瓜各150克。

调料 精盐、酱油、味精、高汤各适量。

做法

① 猪里脊肉洗净，切片；黄瓜洗净，切片。

② 锅置旺火上，放入高汤烧沸，加入酱油、精盐、猪里脊片烧沸，撇去浮沫，加入黄瓜片、味精煮至再沸即成。

饮食宜忌：食用猪肉后不宜大量饮茶，因为茶叶的鞣酸会与蛋白质合成具有收敛性的鞣酸蛋白质，使肠蠕动减慢，延长粪便在肠道中的滞留时间。

木樨汤

主料 瘦猪肉、虾仁、水发木耳、菠菜各30克，鸡蛋1个(约60克)，海米适量。

调料 清汤、精盐、酱油各适量。

做法

① 瘦猪肉洗净，切丝；菠菜洗净，切段；水发木耳洗净，切丝；鸡蛋磕入碗中打散。

② 锅置火上，倒入清汤，放入肉丝、海米、虾仁、木耳、酱油、精盐，大火烧沸，转小火，淋入鸡蛋液，放入菠菜、味精，待蛋花漂浮于汤面即成。

做法支招：生猪肉一旦粘上了脏东西，用水冲洗是油腻腻的，反而会越洗越脏。如果用温淘米水洗两遍，再用清水冲洗一下，脏东西就容易除去了。

紫菜瘦肉汤

主料 干紫菜10克，瘦猪肉100克。

调料 姜丝、盐、食用油各适量。

做法

① 将紫菜用清水浸泡片刻；瘦猪肉洗净，切条。

② 锅中倒油烧热，放入瘦猪肉、姜丝翻炒至八成熟，加入适量清水，大火煮沸，转小火煲30分钟，加盐调味即可。

做法支招：猪肉比牛肉更易变质，保存时应特别注意。

主料 黄豆、排骨各200克。

调料 姜片、香菜、盐、鸡精、料酒各适量。

做法

① 将黄豆放入炒锅中略炒(不必加油)，再用清水洗净，沥水。

② 排骨洗净，斩块，放入沸水锅氽至变色，捞出沥干。

③ 瓦煲内加入适量水烧沸，放入排骨、炒好的黄豆、姜片，倒入料酒，大火烧沸，改用中火煲至黄豆、排骨熟烂，加盐、鸡精调味，点缀香菜即可。

营养小典：此汤健脾祛湿，滋养强壮。

黄豆排骨汤

主料 猪排骨200克，玉米150克。

调料 葱段、姜片、料酒、盐各适量。

做法

① 将排骨洗净，剁成块，放入沸水锅氽烫片刻，捞出沥干；玉米洗净，切成小段。

② 锅置火上，倒水、料酒，放入猪排骨、葱段、姜片，大火煮开，转小火煲30分钟，放入玉米，煲至排骨熟烂，拣去姜、葱，加盐调味即可。

做法支招：选择嫩一些的玉米，煮出的汤清甜、滋润。

玉米排骨汤

主料 猪蹄500克，花生50克。

调料 味精、盐各适量。

做法

① 将猪蹄除去蹄甲和毛后，洗净。

② 猪蹄和花生一起放入炖锅中，加适量水，小火炖熟，加盐、味精调味即可。

做法支招：猪蹄用开水烫过后可以洗去部分油脂，还能使猪皮上的细毛更容易去除。

花生猪蹄汤

枣豆猪尾汤

主料 猪尾500克，花生米、枣干各50克。

调料 盐适量。

做法

❶ 将猪尾刮净皮毛，洗净，斩段；枣干去核洗净；花生米洗净。

❷ 煲内放入适量水，再放入猪尾、花生米、枣干，大火烧沸，改小火炖煲3小时，加盐调味即可。

营养小典：此汤美容养颜，补气养血。

猪舌雪菇汤

主料 猪舌、猪肉、水发银耳、水发冬菇各50克。

调料 食用油、精盐、味精各适量。

做法

❶ 猪舌、猪肉均洗净，切成片，放入适量油、盐腌渍片刻；冬菇、银耳均洗净，切块。

❷ 锅内放入适量水，放入银耳、冬菇，旺火煮沸，改用小火煮15分钟，加猪舌、猪肉，煮至肉熟，加入盐、味精调味即可。

营养小典：此汤生津止渴，补肺肾阴亏。

猪腰菜花汤

主料 猪腰、菜花、胡萝卜、西蓝花、洋葱各30克。

调料 食用油、精盐、酱油、味精、香油各适量。

做法

❶ 猪腰撕去膜，对半剖开，去除腰臊，洗净，剞花刀，切块；菜花、西蓝花均洗净，切小朵；胡萝卜去皮切块；洋葱去皮切块。

❷ 锅中倒油烧热，放入洋葱炒香，加入猪腰片、胡萝卜，淋入酱油拌炒至猪腰将熟，倒入适量水煮沸，加入菜花、西蓝花、胡萝卜，加精盐、味精调味，淋香油即可。

营养小典：此汤理肾气，润肺爽喉。

主料 猪腰、火腿各100克。

调料 姜丝、料酒、盐各适量。

做法

① 火腿切成丝。

② 猪腰除腰臊，清洗干净，切丝，放入沸水锅略氽，捞出沥干。

③ 锅置旺火上，加适量水、料酒，放入姜丝、火腿丝、猪腰煮沸，调入盐，改小火继续煨5分钟即成。

营养小典：猪腰具有补肾气、通膀胱、消积滞、止消渴之功效。

鲜美猪腰汤

主料 冬瓜、山药各50克，猪腰100克，黄芪6克。

调料 葱花、姜片、高汤、盐、鸡精各适量。

做法

① 将冬瓜去核，削皮，切块；猪腰洗净，去掉胰腺，用开水氽烫片刻，捞出沥干。

② 锅中倒入高汤，加入葱花、姜片，放入冬瓜、黄芪，小火煮5分钟，放入猪腰、山药，煮熟后加盐、鸡精调味，再煮片刻即可。

营养小典：黄芪熬汤，具有益血补气之功效。

冬瓜腰片汤

主料 党参15克，猪腰100克，豆芽150克。

调料 老姜、高汤、盐各适量。

做法

① 猪腰对半剖开，切去腰臊，剞花刀，切块；老姜切丝；豆芽、党参均洗净。

② 高汤倒入煲锅内，加入党参、姜丝，中火煮沸，放入豆芽，再加入腰花，大火煮沸，转中火煮10分钟，加盐调匀即可。

做法支招：党参买回来后没有一次性用完，应该密封好于干燥阴凉处存放。

党参腰花汤

胡椒猪肚汤

主料 猪肚300克，蜜枣10克。

调料 胡椒、淀粉、盐各适量。

做法

❶ 猪肚洗净，除去脂肪，用少许盐擦洗一遍，再用清水冲洗干净，再用淀粉、盐擦洗一遍，再用清水冲洗干净，放入开水中烫煮5分钟，除去浮油及泡沫。

❷ 将胡椒放入猪肚内，用线缝合。

❸ 将猪肚与蜜枣一同放入清水瓦煲内，大火煲开，改小火煲2小时，除去胡椒，加盐调味即可。

营养小典：此汤温中健脾，散寒止痛。

孜然牛肉蔬菜汤

主料 牛肉、洋葱、豆角、红薯、胡萝卜各50克。

调料 食用油、精盐、料酒、薄荷叶各适量。

做法

❶ 牛肉洗净，切片；红薯洗净，去皮，切块；洋葱切块；豆角洗净，切段；胡萝卜切块。

❷ 锅中倒油烧热，放入洋葱炒香，加入牛肉煸炒片刻，倒入适量水煮沸，加入豆角、红薯、胡萝卜、精盐、料酒继续煮至胡萝卜熟软入味，盛出，点缀薄荷叶即可。

营养小典：此汤醒脑通脉，降火平肝，养五脏。

党参牛排汤

主料 牛排500克，党参、桂圆肉各10克。

调料 姜片、盐、鸡精各适量。

做法

❶ 将牛排洗净，切块，放入沸水锅氽去血水，捞出沥干；党参、桂圆肉均洗净。

❷ 牛排、党参、桂圆肉、姜片同放入锅中，加入适量水，大火煮沸，改小火煲3小时，加盐、鸡精调味即可。

营养小典：党参具有补中益气，健脾益肺的功效。用于脾肺虚弱，气短心悸，食少便溏，虚喘咳嗽，内热消渴等。

主料 牛筋200克，花生米、胡萝卜各50克。

调料 精盐、卤肉料、味精、料酒、高汤各适量。

做法

① 将牛筋洗净，放入高压锅内，加卤肉料、适量水，焖25分钟，捞出切块；胡萝卜去皮，切块。

② 汤锅中倒入高汤烧沸，放入牛筋、花生米、胡萝卜，加料酒，中火煮至牛筋熟烂，加入精盐、味精调味即可。

营养小典：此汤润肺和胃，强壮筋骨，益身健体。

牛筋花生汤

主料 牛尾500克，胡萝卜、洋葱各50克。

调料 食用油、香菜叶、料酒、番茄酱、XO酱、冰糖各适量。

做法

① 牛尾洗净，斩段，放入沸水锅汆烫后捞出；胡萝卜、洋葱均洗净，切丁。

② 净锅点火，倒油烧热，放入胡萝卜丁、洋葱丁炒香，加入料酒、番茄酱、XO酱、冰糖，放入牛尾段和适量水，大火烧开，转小火煲2小时，盛出，撒上香菜叶即可。

营养小典：此汤补气、养血、强筋骨。

牛尾汤

主料 羊肉100克，黑豆、花生仁、水发木耳、红枣各30克。

调料 香油、盐各适量。

做法

① 将羊肉洗净，斩成大块，放入沸水锅汆烫至变色，捞出沥干；黑豆、水发木耳、红枣用温水稍浸后淘洗干净；红枣去核。

② 煲内倒水烧沸，放入羊肉、黑豆、花生仁、木耳、红枣，小火煲3小时，调入香油、盐即可。

营养小典：此汤补气补血，健脾养胃。

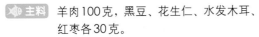

黑豆花生羊肉汤

豆腐羊肉汤

主料 豆腐、羊肉各200克。

调料 料酒、姜丝、盐各适量。

做法

① 羊肉洗净，切丝；豆腐切块。

② 将羊肉丝放入清水锅内，加料酒、姜丝、盐，小火煮至八成熟，放入豆腐，煮至肉熟，加盐调味即成。

营养小典：此汤宽中益气，补虚助阳。

羊肉大补汤

主料 羊排400克，白芷、甘草、肉桂、陈皮、当归、杏仁、党参、黄芪、茯苓、白术各5克。

调料 姜片、精盐各适量。

做法

① 羊排洗净，斩块；所有药料洗净，放入纱布袋中扎好。

② 羊肉放入沸水中，加少许姜片焯透去腥。

③ 煲中加水烧沸，放入纱布袋，中火煲30分钟，拣出纱布袋，放入羊排小火煲2小时，加精盐调味即可。

营养小典：此汤滋润五脏，通脉补，可增强身体免疫力。

羊排粉丝汤

主料 羊排骨500克，粉丝50克。

调料 葱段、姜片、蒜片、香菜段、醋、盐、味精、食用油各适量。

做法

① 将羊排骨洗净后剁成块；粉丝用温水泡发好。

② 炒锅倒油烧热，放入葱段、姜片、蒜片爆香，放入羊排翻炒片刻，倒入醋和适量水烧沸，撇去浮沫，转小火煮至羊肉酥烂，放入粉丝，加盐、味精调味，撒上香菜段即可。

做法支招：挑选羊排骨时应选择骨骼细小的，这样的羊排鲜嫩。

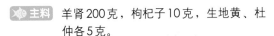

主料 羊肾200克，枸杞子10克，生地黄、杜仲各5克。

调料 姜片、盐、食用油各适量。

做法

① 羊肾洗净，从中间切为两半，除去白色脂膜，再次洗净；生地黄、枸杞子均洗净。

② 锅中倒入油烧热，放入羊肾、姜片翻炒片刻，加适量水，放入枸杞子、生地黄、杜仲，加入适量盐调味，大火烧开，改小火将羊肾炖至熟烂即可。

营养小典：此汤健脾肾，强身健体。

生地羊肾汤

主料 大麦、竹笋各50克，羊肚100克。

调料 高汤、葱花、盐各适量。

做法

① 将羊肚两面洗净，放入沸水锅氽烫片刻，捞出沥水，切丝。

② 大麦放入沸水锅煮30分钟，滤出大麦汁，除去大麦渣；竹笋洗净，放入沸水锅焯水后切片。

③ 锅中倒入高汤煮沸，倒入大麦汁混合均匀，加入羊肚丝、笋片，再次煮沸，改小火炖1小时，加盐调味，撒葱花即可。

营养小典：此汤清血润燥，促进胃肠蠕动。

笋片大麦羊肚汤

主料 黄豆、荸荠各50克，兔肉150克。

调料 料酒、盐、鸡精各适量。

做法

① 黄豆洗净，浸泡2小时；荸荠去皮，洗净，切片；兔肉洗净，切大块，用料酒腌拌30分钟。

② 将黄豆、荸荠同放入锅内，加适量水，大火煮沸，放入兔肉，再煮沸后改小火煲2小时，加盐、鸡精调味即可。

营养小典：此汤健脾，益胃，滋肾。

黄豆荸荠兔肉汤

禽肉汤

山药胡萝卜鸡汤

主料 鸡翅根200克，山药、胡萝卜各50克。

调料 葱丝、香菜叶、精盐、料酒各适量。

做法

① 鸡翅根洗净切段，放入沸水锅氽烫后捞出；山药、胡萝卜均去皮，洗净切块。

② 汤煲中加适量水，放入鸡翅根、山药、胡萝卜煮沸，烹入料酒，转小火煮1小时，加精盐调味，以葱丝、香菜叶点缀即可。

营养小典：此汤补中益气，长肌肉，益肺固精。

黄芪炖鸡汤

主料 母鸡1只(约2000克)，黄芪、枸杞子各10克，红枣10颗。

调料 葱段、姜片、盐、米酒各适量。

做法

① 黄芪洗净，放入纱布袋内；母鸡洗净，放入沸水锅氽烫片刻、捞出沥水，切块；枸杞子、红枣均洗净。

② 鸡块、枸杞子、红枣同放进锅中，加入适量水，放入纱布袋、葱段、姜片，小火炖焖1小时，加盐、米酒，煮沸即可。

做法支招：黄芪以条粗长、皱纹少、质坚而绵、粉性足、味甜者为好。

肘子母鸡汤

主料 母鸡1只，肘子500克。

调料 料酒、葱、姜各10克，味精、盐各适量。

做法

① 母鸡处理干净。

② 将鸡翅与肘子一同放入锅中，加入清水，待烧开后撇去血沫，然后用小火煮4~5小时。

③ 将鸡胸肉及鸡腿肉去净油脂后拍碎成鸡蓉，加入清水调稀，放入盐、料酒、葱、姜、味精等待用。

④ 将煮好的鸡汤滤净碎骨肉，并撇去浮油，烧开，将调好的鸡蓉倒入汤内搅匀，待开后再撇净油沫等杂质即可。

做法支招：将鸡皮去掉可以大大减少脂肪的摄入。

主料 鸡架200克，油菜、圆白菜各100克。

调料 葱段、姜片、花椒、盐各适量。

做法

❶ 鸡架洗净；油菜、圆白菜均洗净，切丝。

❷ 鸡架放入锅中，加水淹没鸡架，放入葱段，姜片、花椒，中火熬煮30分钟。撇去浮油，加盐调味，放入菜丝煮软即可。

做法支招：煮鸡架的汤可作下面条时的上汤。

鸡架杂菜丝汤

主料 乌鸡1只(约1000克)，白凤尾菇50克，枸杞子10克。

调料 葱段、姜片、料酒、盐各适量。

做法

❶ 乌鸡宰杀治净；白凤尾菇洗净切片；枸杞子洗净。

❷ 锅中倒水，放入姜片煮沸，放入乌鸡、葱段、姜片、枸杞子，倒入料酒，小火焖煮至鸡肉酥软，放入白凤尾菇，加盐调味，沸煮3分钟即可。

营养小典：乌骨鸡滋补肝肾的效用较强。

乌鸡白凤汤

主料 乌鸡、乳鸽各1只。

调料 姜片、葱段、料酒、盐、味精、胡椒粉、香油各适量。

做法

❶ 乌鸡、乳鸽均宰杀洗净，切块，放入沸水锅余烫片刻，捞出沥水。

❷ 炖锅内倒入适量水，放入乌鸡、乳鸽，加姜片、葱段、料酒，大火烧沸，转小火炖至肉熟烂，加盐、味精、胡椒粉、香油调味即成。

营养小典：此汤养阴退热、补肾壮阳、护肤美容。

乌鸡炖乳鸽汤

鸭肉山药汤

主料 鸭1只(约4000克)，山药150克。

调料 料酒、姜片、葱段、盐各适量。

做法

1. 鸭去内脏，洗净，入沸水锅汆烫片刻，捞出沥干，切成小块，汆烫鸭子的汤汁撇去浮沫后留用；将山药去皮，洗净，切块。

2. 锅中倒入汆烫鸭子的汤汁，放入鸭块，大火煮沸，加料酒、姜片、葱段，转小火煲至鸭块八成熟，加入山药、盐，煲至鸭块熟烂即可。

营养小典：此汤健脾养胃。

老鸭芡实汤

主料 老鸭1只(约4000克)，芡实100克。

调料 盐适量。

做法

1. 将老鸭去毛及内脏，洗净，切块；芡实洗净。

2. 将老鸭放入砂锅内，加适量水，小火煨至鸭肉八成熟，加入芡实，煮至鸭肉熟烂，加盐调味即可。

营养小典：此汤补虚除热，益肾涩精。

鸭蛋瘦肉汤

主料 猪瘦肉100克，鸭蛋2个(约150克)。

调料 姜片、盐、白糖、香油、生抽、淀粉各适量。

做法

1. 猪瘦肉洗净，切片，加盐、白糖、香油、生抽、淀粉拌匀腌制20分钟；鸭蛋磕入碗中打散。

2. 瓦煲内倒入适量水煮开，放入姜片、肉片，中火煲至肉片熟透，淋入鸭蛋液煮沸，加盐调味即可。

饮食宜忌：中老年人不宜多食鸭蛋，鸭蛋的脂肪含量高于蛋白质的含量，鸭蛋的胆固醇含量也较高。

主料　鹌鹑300克，莲藕100克。

调料　葱段、食用油、精盐、料酒、辣酱、味精、白糖各适量。

做法

❶ 鹌鹑宰杀洗净，切块，放入沸水锅，加少许料酒汆烫后捞出；莲藕去皮，切片。

❷ 锅中倒油烧热，下入葱段、辣酱、白糖炒香，加莲藕翻炒片刻，倒入适量水煮沸，放入鹌鹑煮熟，加精盐、味精调味即可。

营养小典：此汤补五脏，益精血，补肾助阳。

鹌鹑莲藕汤

主料　鸽蛋、百合、莲子各50克。

调料　盐适量。

做法

❶ 鸽蛋入锅煮熟，剥去鸽蛋皮。

❷ 百合剥开，洗净；莲子洗净，浸泡30分钟。

❸ 锅中倒入适量水，加入鸽蛋、百合、莲子，熬煮1小时，加盐调味即可。

营养小典：百合味甘、微苦、性平，可止咳，安神，适用于肺结核咳嗽。

百合鸽蛋汤

主料　鹌鹑蛋10个，西米30克。

做法

❶ 西米洗净，入沸水锅煮5分钟，离火，闷10分钟，再用冷水冲洗，拨散颗粒，滤去水，再入沸水锅煮5分钟，离火，闷5分钟，最后用冷水漂清，浸泡30分钟。

❷ 取已胀发的西米，倒入锅内沸水中，转小火煮10分钟，磕入鹌鹑蛋，再煮1分钟即成。

营养小典：此汤健脑益智，促进生长。

西米珍珠蛋

水产汤

鱼丸汤

主料 鱼肉200克，水发木耳、黄瓜各50克。

调料 清汤、淀粉、盐、鸡精各适量。

做法

① 将鱼肉去刺、切碎，与淀粉、盐和在一起搅拌，制成鱼丸；水发木耳洗净，撕成小朵；黄瓜去皮洗净，切丝。

② 锅中倒入清汤煮沸，放入鱼肉丸煮至浮起，放入木耳、黄瓜煮沸，加盐、鸡精调味即可。

营养小典：鱼肉含有丰富的镁元素，对心血管系统有很好的保护作用。

鱼头木耳冬瓜汤

主料 草鱼头500克，冬瓜、水发木耳、油菜各50克。

调料 葱段、姜片、料酒、糖、胡椒粉、鸡精、盐、食用油各适量。

做法

① 将鱼头洗净，抹上盐腌10分钟；将木耳洗净，撕成小朵；油菜洗净，切段；冬瓜洗净，切片。

② 锅中倒油烧热，放入鱼头煎至两面发黄，烹入料酒，加盖略焖，放入葱段、姜片、糖、盐和适量水，先用大火烧沸，盖上锅盖，用小火炖20分钟，加入冬瓜、木耳、油菜，大火烧开，加入鸡精、胡椒粉，拌匀即可。

营养小典：此汤健脑、延缓衰老、美容、利尿。

乌豆鲤鱼汤

主料 鲤鱼1条(约1500克)，黑豆50克。

调料 盐适量。

做法

① 将鲤鱼洗净，去鳞、去内脏。

② 黑豆洗净，装入鱼腹中。

③ 将鲤鱼放入清水锅中，大火烧开，改小火炖至鱼、黑豆均烂熟成浓汤，加入适量盐调味即可。

营养小典：此汤补肾健脾，壮阳润肺，消肿利尿。

鲤鱼红小豆汤

主料　鲤鱼1条(约1500克)，红豆50克。

调料　草果、橘皮、花椒、葱段、姜片、香菜叶、盐、香油各适量。

做法

① 鲤鱼宰杀洗净；红豆洗净。

② 将红豆、橘皮、花椒、草果装进鱼腹中。

③ 将鲤鱼放入煲中，加适量水，加葱段、姜片、盐炖至汤汁浓白，加入香菜叶，滴香油即可。

营养小典：此汤对心肾脏性水肿及肝硬化、腹水等症有一定疗效。

鲤鱼酸汤

主料　鲤鱼1条(约1500克)，茶叶20克。

调料　盐、醋各适量。

做法

① 鲤鱼刮去鳞，去内脏，洗净后切段。

② 将鲤鱼与醋、茶叶一起入锅，加适量水，以小火煨至鱼熟，加适量盐调味即成。

营养小典：此汤健脾利尿，消炎解毒。

冬瓜草鱼汤

主料　冬瓜100克，草鱼1条(约1500克)。

调料　食用油、盐各适量。

做法

① 草鱼去鳞、去内脏，洗净后沥干水分，放入热油锅内煎至变色。

② 冬瓜削皮去瓤，洗净切块。

③ 将煎好的草鱼与冬瓜同入锅内，加适量水煨煮至鱼熟冬瓜烂，加盐调味即成。

营养小典：此汤利尿消肿，清热解毒。

水煮鱼片

主料 青鱼250克，鸡蛋1个(约60克)。

调料 盐、味精、葱汁、姜汁、淀粉各适量。

做法

1. 将青鱼肉洗净，用刀切成大薄片，放入盐、蛋清、葱汁、姜汁、味精、淀粉拌匀上浆，放入冰箱冷藏片刻。

2. 炒锅内放入清水煮沸，再倒入鱼片划散，捞出，装入碗中即可。

做法支招：食用时，可配有辣椒酱味碟蘸食。

鱼片香汤

主料 鲈鱼1条，胡萝卜30克。

调料 大葱、香菜梗、姜片、高汤、精盐、料酒各适量。

做法

1. 鲈鱼宰杀处理干净，去头、剔骨，鱼肉切片；大葱切丝，胡萝卜去皮切丝；香菜梗洗净。

2. 将葱丝、胡萝卜丝、香菜梗加少许盐拌匀。

3. 锅中倒入高汤煮沸，下入鱼片、姜片、料酒氽熟，下入精盐调味，撒上拌好的三丝即可。

营养小典：此汤清热降火，补益气血，抗疲劳。

浓香鳕鱼汤

主料 银鳕鱼肉200克，洋葱、西蓝花、土豆、胡萝卜、口蘑、白面包丁各50克。

调料 黄油10克，盐、牛奶各适量。

做法

1. 银鳕鱼肉洗净，切块；洋葱洗净，切丁；西蓝花洗净，掰成小朵；土豆洗净，去皮切丁；胡萝卜、口蘑均洗净，切丁。

2. 锅中倒油烧热，下洋葱丁炒香，放入胡萝卜、土豆、口蘑、西蓝花炒匀，淋入牛奶，下入鳕鱼肉块、黄油、盐，中火煮沸后再煮5分钟，放入白面包丁即可。

饮食宜忌：市场上常有不良摊贩用"油鱼"来冒充银鳕鱼，"油鱼"肉富含蜡质油脂，多吃会导致腹泻。

鲜虾丝瓜鱼汤

主料 比目鱼200克,玉米笋、鲜虾、丝瓜各50克。

调料 精盐、虾酱、鱼露、清汤各适量。

做法

① 比目鱼撕去两面的鱼皮,切去头尾,去内脏,洗净切段;鲜虾去除头壳,挑去虾线,洗净;丝瓜切块;玉米笋洗净。

② 汤锅内加适量清汤烧沸,放入上述材料煮沸,加入虾酱、鱼露焖煮10分钟,调入精盐即可。

做法支招:鱼露是我国潮汕地区和东南亚国家常用的调味料,可在超市或网店购得,但鱼露较咸,使用时一定要注意控制用量。

腐竹甲鱼汤

主料 甲鱼1只(约1200克),腐竹50克,川贝母10克。

调料 葱段、姜块、盐各适量。

做法

① 将甲鱼去壳及内脏,取肉,洗净,切成块。

② 川贝母、腐竹均洗净,将腐竹放在冷水中泡软后取出,切小段。

③ 将甲鱼肉、川贝母、腐竹、葱段、姜块同下入锅中,加适量水煮沸,改中火持续煨至甲鱼熟烂,加盐调味即可。

营养小典:此汤消炎平喘,润肺止咳,去热除燥,宜用于糖尿病导致的肺结核、咽喉炎、支气管炎、肺炎等症。

甲鱼猪脊汤

主料 甲鱼肉、猪脊髓各200克。

调料 胡椒粉、姜块、葱段、酱油、盐各适量。

做法

① 甲鱼肉洗净切块;猪脊髓洗净斩块。

② 将甲鱼肉、猪脊髓入开水锅中焯透,撇去浮沫,捞出用凉水冲净。

③ 将甲鱼肉与猪脊髓放入锅内,加适量水、姜块、葱段,小火煮熟,加酱油、胡椒粉、盐调味即可。

营养小典:此汤滋阴补肾,填精补髓。

黄瓜墨鱼汤

主料 黄瓜、墨鱼各100克。

调料 香油、料酒、盐、味精、小苏打、葱姜汁、高汤各适量。

做法

① 黄瓜洗净，去瓤，切片。

② 墨鱼洗净，切片，加少量小苏打搓洗片刻，漂净、沥干水分。

③ 将高汤倒入锅中烧沸，下入黄瓜片、墨鱼片，加入料酒、盐、味精、葱姜汁，大火煮沸，撇去浮沫，滴几滴香油即可。

营养小典:乌贼味咸、性平，入肝、肾经；具有养血、通经、催乳、补脾、益肾、滋阴、调经、止带之功效。

墨鱼蛤蜊鲜虾汤

主料 墨鱼、蛤蜊、鲜虾各50克。

调料 盐适量。

做法

① 墨鱼撕去表皮，清洗干净，从内侧切花刀，再切成小块；蛤蜊、鲜虾均洗净。

② 汤锅内加适量水，放入上述材料，以小火煮熟，加盐调味即可。

营养小典:此汤补肾填精，养血滋阴。

滋补海鲜煲

主料 鱿鱼150克，虾仁100克，螃蟹1只(约250克)，海带75克。

调料 精盐、高汤各适量。

做法

① 虾仁去虾线，洗净；螃蟹切块；鱿鱼洗净，剞花刀，切块；海带洗净，切块。

② 净锅上火，倒入高汤，加入鱿鱼、虾仁、螃蟹、海带小火煲熟，调入精盐，烧至入味即可。

营养小典:此汤滋阴养胃，补虚润肤，通便排毒。

主料 螃蟹1只(约250克),青豆、猪瘦肉、鲜贝、山药各30克。

调料 精盐适量。

做法

① 猪瘦肉洗净切块,放入沸水中氽烫至变色,捞出。

② 螃蟹洗净,去壳,斩成大块,放入沸水中氽烫片刻,捞出;山药去皮洗净,切块;鲜贝、青豆均洗净。

③ 煲中倒适量水煮沸,加入上述材料,大火煲10分钟,转至小火煲1小时,加精盐调味即可。

营养小典:此汤清热散血,健脾调中,补虚损。

螃蟹瘦肉汤

主料 大虾、泥鳅各100克。

调料 姜片、精盐各适量。

做法

① 大虾去除肠线、脚、尾,洗净;泥鳅去肠杂,冲洗干净。

② 锅中倒入适量水,放入大虾、泥鳅、姜片,大火烧开,煮5分钟,加精盐调味即可。

营养小典:此汤助阳纳气,养脾补肾。

益肾壮阳汤

主料 虾仁50克,韭菜25克,豆腐100克。

调料 水淀粉、香油、盐各适量。

做法

① 虾仁洗净;韭菜洗净切碎;豆腐洗净,切片。

② 将上述食材一同放入沸水锅内煮5分钟,调入水淀粉续滚,加盐、香油调味即可。

营养小典:此汤补肾壮阳,益肝理气。

虾仁韭菜豆腐汤

豆腐虾仁汤

主料 豆腐300克，虾仁50克，枸杞子20克。

调料 葱花、水淀粉、酱油、料酒、盐、食用油各适量。

做法

❶ 将豆腐洗净，用沸水烫一下捞出，切成小块；虾仁和枸杞子洗净；将料酒、葱花、盐、酱油和水淀粉同放碗中，调成芡汁。

❷ 锅内倒油烧热，放入虾仁，大火炒熟，加入豆腐、枸杞子，倒入适量水，大火烧开，转小火炖30分钟，倒入芡汁，煮2分钟即可。

做法支招：虾仁翻炒数下即可加水，以免虾仁炒得过老，影响口感。

菜心虾仁鸡片汤

主料 嫩菜心、虾仁、鸡肉各50克。

调料 姜末、盐各适量。

做法

❶ 嫩菜心洗净；虾仁洗净；鸡肉洗净，切片。

❷ 瓦煲中加入适量水煮开，放入姜末、鸡肉和虾仁，大火煮至鸡肉熟，放入嫩菜心，加少许盐调味即可。

营养小典：此汤健脾补肾。

面疙瘩汤

主料 面粉100克，鸡蛋1个(约60克)，虾仁、菠菜叶各50克。

调料 盐、香油各适量。

做法

❶ 将面粉放入碗内，用少许水搅成小面疙瘩；虾仁洗净；菠菜叶洗净，切段；鸡蛋磕入碗中打散。

❷ 锅内倒入适量水，烧开后下入面疙瘩、虾仁和菠菜，大火煮沸，淋入鸡蛋液，加盐推匀，滴入香油即可。

营养小典：疙瘩汤可以使面粉中的多种营养元素保存在汤中，可以很好地避免面食中营养的损失。

主料 虾仁、霉干菜各50克，胖头鱼中段鱼肉100克。

调料 葱花、姜末、食用油、精盐、鸡精、料酒、高汤各适量。

做法

❶ 胖头鱼肉洗净，在鱼块两侧划斜刀口，抹上精盐、料酒腌渍10分钟；虾仁洗净；霉干菜洗净，放入热水锅焯烫片刻，捞出控干水分，切碎。

❷ 锅中倒油烧热，加入葱花、姜末炒香，下入霉干菜炒匀，放入鱼块稍煎，烹入料酒，倒入适量高汤，放入虾仁，大火煮沸，加精盐、鸡精调味，转小火煮20分钟即可。

营养小典：霉干菜可开胃下气、益血生津、补虚劳。

虾尾霉干菜鱼汤

主料 大虾50克，青苹果100克，橙汁50毫升。

调料 香菜末、姜片、精盐、胡椒粉、高汤各适量。

做法

❶ 大虾洗净，剥去外壳，留虾头，除去虾线；青苹果洗净切块。

❷ 锅中加高汤煮沸，放入虾壳、姜片煮10分钟，过滤渣质，留清汤，放入青苹果，加精盐、胡椒粉、橙汁调味，加入大虾煮至虾变红，撒入香菜末即可。

营养小典：此汤补肾壮阳，益心气，和脾胃。

青苹果鲜虾汤

主料 活泥鳅、活河虾各150克。

调料 盐适量。

做法

❶ 将泥鳅去内脏洗净；河虾清洗干净。

❷ 将泥鳅、河虾一同放入锅内，加适量水，以小火煮熟，加盐调味即成。

营养小典：此汤祛湿解毒，补肾壮阳。

泥鳅河虾汤

银芽白菜蛎黄汤

主料 小白菜、黄豆芽、蛎黄各50克。

调料 姜丝、精盐、味精、香油、清汤各适量。

做法

1. 蛎黄洗净；小白菜洗净切段；黄豆芽洗净。
2. 锅中倒油烧热，放入姜丝爆香，倒入清汤，加入蛎黄、黄豆芽，调入精盐、味精，中火煮至汤沸，撇去浮沫，放入小白菜，再煮20钟，淋香油即可。

营养小典：此汤解酒毒，解丹毒，治虚损。

双耳牡蛎汤

主料 水发木耳、牡蛎各100克，水发银耳50克。

调料 葱姜汁、高汤、料酒、盐、鸡精、醋各适量。

做法

1. 将木耳、银耳洗净，撕成小朵；牡蛎放入沸水锅中余焯片刻后捞出。
2. 将锅置于火上，倒入高汤烧开，放入木耳、银耳、料酒、葱姜汁、鸡精煮10分钟，倒入牡蛎，加入盐、醋煮熟，加鸡精调味即可。

营养小典：优质银耳干燥，色泽洁白，肉厚而朵整，圆形伞盖，直径3厘米以上，无蒂头，无杂质。

奶油蛤蜊汤

主料 蛤蜊300克，玉米粒、腊肉各50克，淡奶油500毫升，芹菜末10克。

调料 胡椒粉、盐各适量。

做法

1. 将蛤蜊放入淡盐水中吐净泥沙，冲净；腊肉切碎。
2. 锅中倒入淡奶油，放入蛤蜊煮至蛤蜊张开，放入玉米粒、腊肉、芹菜末稍煮，加盐、胡椒粉调味即可。

做法支招：如无新鲜玉米粒，也可以用罐头玉米粒代替。

枸杞海参汤

主料 水发海参100克，香菇50克，枸杞子10克。

调料 葱花、姜片、料酒、酱油、白糖、盐、味精、食用油各适量。

做法

① 将水发海参从腹下开口取出内脏，洗净，切块；枸杞子洗净；香菇洗净，切块。

② 炒锅倒油烧热，放入姜片爆香，下入海参、香菇炒匀，加料酒、酱油、白糖调味，加适量水，大火烧沸，改小火焖煮至海参熟，加入枸杞子稍煮，加盐、味精调味，撒葱花即成。

营养小典：此汤滋补肝肾，养血润燥。

海参牛肝菌汤

主料 牛肝菌、水发海参各100克，韭菜25克。

调料 精盐、鸡汤、料酒、酱油、花椒油各适量。

做法

① 牛肝菌洗净；韭菜洗净，切段；将水发海参从腹下开口取出内脏，洗净。

② 锅中倒鸡汤烧沸，放入牛肝菌、海参，调入酱油、料酒、精盐，小火慢炖30分钟，加入韭菜，淋花椒油即可。

营养小典：牛肝菌具有清热解烦、养血和中、追风散寒、舒筋活血、补虚提神等功效，是中成药"舒筋丸"的原料之一。

海参当归汤

主料 水发海参300克，当归30克，百合20克。

调料 姜丝、盐、胡椒、高汤、食用油各适量。

做法

① 将水发海参从腹下开口取出内脏，洗净，放入高汤锅中煮1小时，捞起备用。

② 炒锅倒油烧热，爆香姜丝，加入适量水、当归煮沸，加入百合、海参，大火煮5分钟，加盐、胡椒调味即可。

做法支招：发好的海参不能久存，最好不超过3天，存放期间用凉水浸泡上，每天换水2~3次，不要沾油，也可放入冰箱中冷藏。

附录1 常见富含钙、铁、锌的 **食物**

钙含量丰富的食物

（以100克可食部计算）

食物名称	含量（毫克）	食物名称	含量（毫克）
石螺	2458	白芝麻	620
牛乳粉	1797	鲮鱼（罐头）	598
芝麻酱	1170	奶豆腐	597
田螺	1030	虾米（海米）	555
豆腐干	1019	脱水菠菜	411
虾皮	991	草虾、白米虾	403
榛子（炒）	815	羊奶酪	363
黑芝麻	780	芸豆（杂、带皮）	349
奶酪干	730	海带（干）	348
虾脑酱	667	河虾	325
荠菜	656	千张	319

资料来源：杨月欣.营养配餐和膳食评价实用指导.人民卫生出版社

铁含量丰富的食物

（以100克可食部计算）

食物名称	含量（毫克）	食物名称	含量（毫克）
苔菜（干）	283.7	羊肚菌	30.7
珍珠白蘑（干）	189.8	南瓜粉	27.8
木耳	97.4	河蚌	26.6
蛏干	88.8	榛蘑	25.1
松蘑（干）	86.0	鸡血	25.0
姜（干）	85.0	墨鱼干	23.9
紫菜（干）	54.9	黑芝麻	23.7
芝麻酱	50.3	猪肝	23.6
鸭肝	50.1	田螺	19.7
桑葚	42.5	扁豆	19.2
青稞	40.7	羊血	18.3
鸭血	35.7	藕粉	17.9
蛏子	33.6	芥菜	17.2

资料来源：杨月欣.营养配餐和膳食评价实用指导.人民卫生出版社

锌含量丰富的食物

（以100克可食部计算）

食物名称	含量（毫克）	食物名称	含量（毫克）
生蚝	71.20	牛肉干	7.35
小麦胚芽	23.40	酱牛肉	7.26
蕨菜	18.11	南瓜子（炒）	7.12
蛏干	13.63	奶酪	7.12
山核桃	12.59	牛肉（里脊）	6.92
羊肚菌	12.11	鸭肝	6.91
扇贝（鲜）	11.69	贻贝（干）	6.71
鱿鱼	11.24	山核桃（干）	6.42
山羊肉	10.42	中国鳖	6.30
糌粑	9.55	河蚌	6.23
牡蛎	9.39	松蘑	6.22
火鸡腿	9.26	蚕蛹	6.17
口蘑	9.04	桑葚（干）	6.15
松子	9.02	黑芝麻	6.13
香菇（干）	8.57	羊肉（瘦）	6.06
羊肉（冻）	7.67	葵花子（生）	6.03
乌梅	7.65	猪肝	5.83

资料来源：杨月欣.营养配餐和膳食评价实用指导.人民卫生出版社

附录2 常见食物营养 黄金组合

白菜

营养黄金组合

白菜+牛肉=健脾开胃

白菜与牛肉同食，具有健脾开胃的功效，特别适宜虚弱病人经常食用。

白菜+豆腐=治疗咽喉肿痛

白菜与豆腐同食，具有清肺热的功效，适宜咽喉肿痛者食用。

营养黄金组合

油菜+豆腐=清肺止咳

油菜与豆腐同食，有清肺止咳、清热解毒的功效。

油菜+蘑菇=促进代谢

油菜与蘑菇同食，能促进肠道代谢，减少脂肪在体内的堆积。

油菜

白萝卜

菠菜

营养黄金组合

菠菜+猪肝=补血养颜

猪肝与菠菜同食，是防治贫血的食疗良方。

菠菜+鸡血=养肝护肝

菠菜营养齐全，蛋白质、糖类等含量丰富。加上鸡血也含多种营养成分，并可净化血液、保护肝脏。两种食物同吃，既养肝又护肝。

营养黄金组合

白萝卜+豆腐=助消化

豆腐属于豆制品，过量食用会导致腹痛、腹胀、消化不良。萝卜有很强的助消化作用，和豆腐同时食用有助于消化和营养物质的吸收。

白萝卜+羊肉=养阴补益

白萝卜与羊肉同食，有养阴补益、开胃健脾的功效。

营养黄金组合

黄瓜+番茄=健美抗衰老

黄瓜与番茄同食，能满足人体对各种维生素的最大需要，具有一定的健美和抗衰老作用。

黄瓜+泥鳅=滋补养颜

黄瓜与泥鳅同食，有滋补养颜的功效。

营养黄金组合

南瓜+猪肉=增加营养

南瓜具有降血糖的作用，猪肉有较好的滋补作用，同时食用对身体更加有益。

南瓜+绿豆=清热解毒

南瓜与绿豆都具有降低血糖的作用，同时食用还可起到清热解毒的作用。

南瓜

玉米

营养黄金组合

玉米+鸡蛋=防胆固醇过高
玉米与鸡蛋同食，可预防胆固醇过高。

玉米+豆腐=增强营养
玉米中硫氨酸含量丰富，豆腐富含赖氨酸和丝氨酸，两者同时食用可提高营养吸收率。

营养黄金组合

胡萝卜+羊肉+山药=补脾胃
胡萝卜与羊肉、山药同食，有补脾胃、养肺润肠的功效。

胡萝卜+菠菜=降低中风危险
胡萝卜与菠菜同时食用，可明显降低脑卒中危险。

胡萝卜

茄子

营养黄金组合

茄子+青椒=清火祛毒
茄子与青椒同食，有清火祛毒的作用。

茄子+豆腐=增强营养
茄子与豆腐同食，有助于营养素被身体吸收。

营养黄金组合

竹笋+鸡肉=益气补精
竹笋性甘，鸡肉性温，二者同食具有暖胃、益气、补精的功效。

竹笋+粳米=润肠排毒
竹笋与粳米煮成粥同食，有利于促进代谢，润肠排毒。

竹笋

辣椒

营养黄金组合

辣椒+鳝鱼=降低血糖
辣椒和鳝鱼同时食用能起到降血糖的效果。

辣椒+苦瓜=增加营养
辣椒中富含维生素C，苦瓜中含有多种生物活性物质，同食营养更全面，还可美容养颜。

营养黄金组合

香菇+鸡肉=增强免疫力
香菇可以增强人体的免疫功能并有防癌作用，鸡汤本身也有提高免疫力的功能，可谓双效合一。

香菇+豆腐=美味营养
香菇对心脏病患者有益，豆腐营养丰富，两者同吃有利健康。

香菇

口蘑

营养黄金组合

口蘑+草菇+平菇=滋补抗癌
草菇能增强机体抗病能力。平菇能增强人体免疫力、抑制细胞病毒。三者同食具有滋补、降压、降脂、抗癌的功效。

口蘑+冬瓜=降低血压
口蘑与冬瓜同食，有降血压的功效。

营养黄金组合

豆腐+鱼=营养价值高
豆腐中的蛋氨酸含量较少，而鱼肉中蛋氨酸的含量则非常丰富。两者同食，可提高营养价值。

豆腐+番茄=健美抗衰老
豆腐与萝卜同食，满足人体对各种维生素的最大需要，具有一定的健美和抗衰老作用。

豆腐

猪排骨

营养黄金组合

排骨+西洋参=滋养生津
排骨含有丰富的营养物质，西洋参具有补气提神、消除疲劳的功效，两者同食可滋养生津。

排骨+洋葱=抗衰老
排骨与洋葱同食，有降脂、抗衰老的功效。

营养黄金组合

猪蹄+章鱼=加强补益作用
猪蹄含有大量的胶原蛋白，和章鱼搭配食用，可加强补益作用。

猪蹄+木瓜=丰胸养颜
猪蹄含有丰富的胶原蛋白，木瓜中的木瓜酶有丰胸效果，两者同食，有丰胸养颜的效果。

猪蹄

猪腰

营养黄金组合

猪腰+豆芽=滋肾润燥
猪腰和豆芽同食，可以滋肾润燥，益气生津。

猪腰+竹笋=补肾利尿
猪腰与竹笋同食，具有滋补肾脏和利尿的功效。

营养黄金组合

猪肚+银杏+腐竹=健脾开胃
猪肚与银杏、腐竹同食，有滋阴补肾、祛湿消肿的功效。

猪肚+胡萝卜+黄芪+山药=补虚养颜
猪肚、黄芪有补脾益气的作用，与健胃的山药、胡萝卜同食，可增加营养、补虚弱，丰满肌肉。

猪肚

牛肉

营养黄金组合

牛肉+土豆=保护胃黏膜
牛肉纤维粗，有时会影响胃黏膜。土豆含有丰富的叶酸，起着保护胃黏膜的作用。

牛肉+牛蒡=改善便秘
两者搭配食用能刺激胃肠蠕动，改善便秘。

营养黄金组合

兔肉+大枣=红润肌肤
兔肉与大枣同食，有补血养颜、红润肌肤的功效。

兔肉+葱=降脂美容
兔肉与葱同食，味道鲜美，还有降血脂、美容的功效。

兔肉

鲤鱼

营养黄金组合

鲤鱼+当归+黄芪=生乳
当归、黄芪补益气血，鲤鱼补脾健胃，同食大有生乳之效，用于产后气血虚亏、乳汁不足。

鲤鱼+醋=除湿去腥
鲤鱼和醋都有除湿、消肿的作用，同时食用除湿效果更佳。

营养黄金组合

鹌鹑蛋+人参=益气助阳
鹌鹑蛋与人参同食，有益气助阳的功效。

鹌鹑蛋

附录3  食材搭配与食用禁忌

	韭 菜	不宜与菠菜同食，二者同食有滑肠作用，易引起腹泻。 和酒同食易引起胃肠疾病。
	鲜黄花菜	新鲜的黄花菜有毒，不能吃。
	竹 笋	不宜与豆腐同食，同食易生结石。
	发芽、发青的土豆	发芽、发青的土豆有毒，不能吃。
	白萝卜	不能与红萝卜混吃，因红萝卜中所含分解酵素会破坏白萝卜中的维生素C。 服人参时禁食萝卜。
	生四季豆、扁豆	没有炒透的四季豆、扁豆有毒，吃不得。
	鲜玉米	忌和田螺同食，否则会中毒。 尽量避免与牡蛎同食，否则会阻碍锌的吸收。
	发霉玉米	玉米发霉不可食用，致癌。
	豆 腐	忌蜂蜜。
	未熟透豆浆	未熟透的豆浆不能吃，易中毒。
	茭 白	不宜与豆腐同食，否则易形成结石。
	银 杏	严禁多吃食多易中毒。

	猪 肝	忌与番茄、辣椒同食，猪肝中含有的铜、铁能使维生素C氧化而失去原来的功效。
	牛 肉	忌栗子，同食会引起呕吐。
	羊 肉	忌西瓜，同食会伤元气。 和荞麦热寒相反。
	鸡 蛋	和豆浆同食影响蛋白质吸收。
	虾	严禁食用时同时服用大量维生素C，否则易致过敏反应。
	螃 蟹	螃蟹忌柿子，同食会引起腹泻。
	啤 酒	忌海鲜，同食易引起尿路结石，诱发痛风。